ROWOHLT
BERLIN

Wolfgang Martynkewicz

Sabina Spielrein und Carl Gustav Jung

Eine Fallgeschichte

Rowohlt · Berlin

PAARE Herausgegeben von Claudia Schmölders

1. Auflage Juli 1999

Umschlaggestaltung Walter Hellmann
(Foto Jung: Archiv für Kunst und Geschichte, Berlin;
Foto Spielrein: mit freundlicher Genehmigung von
Kore Verlag Traute Hensch, Freiburg)
Satz Berling PostScript QuarkXPress 3.32
Gesamtherstellung Clausen & Bosse, Leck
Printed in Germany
ISBN 3 87134 287 4

Inhalt

Aufbruch in die dunklen Kontinente 7
Eine junge Russin 19
Zwei verschiedene Personen 30
Ein «Weltkloster» 40
In stationärer Behandlung 49
«Es kämpfen da zwei Welten miteinander» 62
«Ein Erlebnis aus jüngster Zeit» 72
«Ob ich da wieder heil herauskomme?» 83
Eine Affäre 97
Zu den Wahrheiten des Ursprungs 114
Zwischen Jung und Freud 131
«Weißt du, wie das wird?» 153

Literaturhinweise 173
Bildnachweis 176

Aufbruch in die dunklen Kontinente

Wien, Juni 1899: Eine Epoche geht zu Ende. «Der ‹größte Wiener›», so meldet Karl Kraus in der *Fackel* Nr. 7, «ist vor einigen Tagen zugrabe getragen worden». Johann Strauß, der Walzerkönig, ist tot. Kurz bevor er starb, hatte er noch einmal in der Hofoper in Gegenwart des Kaisers *Die Fledermaus*, diese wienerischste aller Wiener Operetten, zelebriert. Ballfest und Champagnerlaune – vom ersten bis zum letzten Takt, ein Reigen sprühender, schwungvoller Melodien: «Ich lade gern mir Gäste ein», «Trinke Liebchen, trinke schnell» und natürlich das Leitmotiv (oder soll man besser sagen, der Abgesang?): «Glücklich ist, wer vergißt, was doch nicht zu ändern ist!» Fünfundzwanzig Jahre zuvor, am 5. April 1874, hatte die *Fledermaus* im Theater an der Wien ihre Premiere erlebt. Mitten in einer der größten Wirtschaftskrisen des Landes, die Wiener Börse war zusammengebrochen – und von Johann Strauß stammte die Begleitmusik: «Glücklich ist, wer vergißt ...». Weltuntergangsstimmung im Dreivierteltakt. Der Publikumserfolg war gewaltig, man wiegte sich im Rausch des Vergessens.

Während die Seele des Künstlers auf Walzerschwingen in die Ewigkeit einzog, Trauerkundgebungen und Beileidsbezeugungen nicht enden wollten, rüstete man sich hinter den Kulissen bereits zum gesellschaftlichen Großereignis der Saison: die Uraufführung der Operette *Wiener Blut*. Im Oktober 1899 war Premiere. Was eine Abschiedsgabe werden sollte, entwickelte sich zu einer pompösen Auferstehungsfeier. Und so ging es in selig-entrückten Gefühlen dem Ende des Jahrhunderts entgegen: «Wiener Blut, eigner Saft, voller Kraft, voller Glut».

Die einen sprachen um diese Zeit mit Pathos vom ‹Ende›, vom Ende einer Epoche, vom Ende des österreichischen Kaiserreichs. Andere sprachen mit ebensoviel Pathos vom Aufbruch, von einer neuen Zeit, der Moderne. Aber noch ist Franz Joseph Kaiser, noch hat die Donaumonarchie, der Vielvölkerstaat Bestand. Über fünfzig Jahre nach der Thronbesteigung mehren sich jedoch in der k. u. k. Monarchie die Zeichen eines Umbruchs. An der Schwelle zum zwanzigsten Jahrhundert treten rebellische Geister und Neuerer auf, die bald eine Führungsrolle im kulturellen Leben spielen. So etwa der Literatenkreis des «Jung-Wien», an der Spitze Hermann Bahr, Hugo von Hofmannsthal und Arthur Schnitzler, oder die Wiener Secession mit ihrem Spiritus rector Gustav Klimt. Sehr heterogene Stimmen und Stilrichtungen fanden sich hier zusammen und artikulierten ihr Unbehagen an der vorherrschenden kommerziellen Gesinnung, dem falschen Prunk, der kulturellen Öde und Künstlichkeit. Zu einer Wiedererweckung, einer Erneuerung der Gesellschaft rief man auf. Die Idee einer neuen, ‹dionysischen Kultur›, wie man sie auch nannte, hatte in der Fin-de-siècle-Generation viele Propagandisten, aber nur einen Propheten: Friedrich Nietzsche. Noch lebte der Philosoph – in geistiger Umnachtung, gepflegt von seiner Schwester. Am 25. August 1900 stirbt auch er, weltberühmt und schon lange zur Legende geworden. Als Kritiker des tradierten humanistischen Denkens wies er seine Zeitgenossen auf die Abgründe des Seins hin und überführte die Philosophie in Psychologie. Nach der Auflösung aller metaphysischen Wahrheiten, dem Zerfall der verbindlichen Werte-Hierarchien, richten sich nun alle Hoffnungen auf diese sich gerade erst etablierende Psychologie. Rausch und Intensität, die verdrängten dionysischen Lebenserfahrungen, sollten die Kultur aus ihrer Erstarrung reißen und den Menschen aus der Knechtschaft der Vernunft befreien. Mit Nietzsches Tod werden diese Ideen aktueller denn je; sein Einfluß auf die Dichter und Denker um 1900 ist enorm.

Leidenschaftlich vertiefte man sich nun in die Rätsel des Seelenlebens und durchforschte, erregt und ängstlich zugleich, das geheime Leben des Selbst, die andere Seite der Wirklichkeit: psychische und okkulte Phänomene, das Träumen und das Phantasieren, duale und multiple Persönlichkeiten, erotisches Erleben und sexuelle Abweichungen. Seelische Vorgänge, die noch vor wenigen Jahren fast völlig unbeachtet geblieben waren, oder – zumindest in den Augen der Wissenschaft – als grundlos und unlogisch galten, bedeuteten plötzlich etwas; eine Unterwelt zeigte sich, in der das Anstößige und Verpönte gerettet schien. Diese Unterwelt schließt sich ab und spricht dennoch. Äußerlich sichtbar, aber scheinbar zusammenhanglos, erscheinen merkwürdige Symptome. Vielfach beobachtet und beschrieben wurden um diese Zeit Erkrankungen, die sich im Syndrom der sogenannten Nervosität bündelten; ein Komplex von Phänomenen, in denen sich eine ganze Kultur wiedererkennen wollte. Seit der amerikanische Arzt George Beard um 1880 den Begriff der Neurasthenie eingeführt und einen Zusammenhang dieser neuen Krankheit mit der modernen Lebensweise behauptet hatte, erlebte die Nervenmedizin einen ungeheuren Aufschwung. Er spiegelte nicht zuletzt die Angst des Zeitalters vor den unsicheren Fundamenten des Ichs wider, vor den dunklen Kontinenten, die sich der Kolonisierung entzogen. Um 1900 hatte sich ein ganzer Pool von nervenmedizinischen Betrachtungsweisen und Disziplinen herausgebildet; heftiger Streit entbrannte über die Ursache der nervösen und neurotischen Störungen bei Männern wie Frauen. Angesichts der weiblichen Nervosität sprach man weniger häufig von Neurasthenie als von Hysterie. Schon im Altertum erkannte man Hysterie – vom griechischen *hystera* = Gebärmutter abgeleitet – in einer ganzen Reihe von unspezifischen weiblichen Krankheiten, angeblich bewirkt von der mythischen Eigenschaft der Gebärmutter, hungrig durch den Körper zu wandern. Den jungen unverheirateten

Frauen, die von diesen nervösen Störungen vor allem betroffen waren, empfahl man meist nicht mehr als die Eheschließung. Die Bezeichnung Hysterie hat sich über die Jahrhunderte erhalten; die Verbindung zur Gebärmutter aber lockerte sich. Vor allem Jean-Martin Charcot, Chefarzt an der Salpêtrière, in Paris, löste die Hysterie völlig aus diesem Zusammenhang. Nach umfangreichen klinisch-neurologischen Studien hielt er sie für eine Nervenkrankheit, die organisch und erblich bedingt sei, und darum sowohl bei Männern wie bei Frauen auftreten könne.

Zwei Jahre nach seinem Tod, 1895, erschien unter dem Titel *Studien über Hysterie* ein Werk, das erneut die Rätsel der Krankheit zu lösen versuchte. Die Verfasser waren jüdische Ärzte aus Wien: Sigmund Freud und sein älterer Kollege und Mentor Josef Breuer. Vier der fünf Fallgeschichten des Buches sowie eine längere Betrachtung zur Psychotherapie der Hysterie stammten von Sigmund Freud. Der neununddreißigjährige Nervenspezialist hatte 1885 einige Monate bei Charcot gelernt, hingerissen von den Auftritten des Meisters, seinem untrüglichen Blick, glänzenden Diagnosen, hypnotischen Fähigkeiten. In langen Briefen an seine Verlobte, Martha Bernays, schildert Freud diesen Lehrer als imponierende Figur, als «Weltgeistlichen», der sich souverän gegen den Widerstand der Fachkollegen durchgesetzt und sein eigenes Reich aufgebaut habe. Zehn Jahre später, als die *Studien über Hysterie* erschienen, betrieb Freud – inzwischen mit Martha verheiratet und Vater von fünf Kindern, die Geburt der Tochter Anna stand kurz bevor – eine private Praxis für Nervenkrankheiten in der Wiener Berggasse 19. Er behandelte die Hysterie inzwischen nach seinem eigenen Verfahren. Die Idee dazu stammte vom Kollegen Breuer. Gemeint war eine Art Redekur: die Patienten bringen mit Hilfe des Arztes die bedrückenden Erlebnisse buchstäblich zur Sprache und befreien sich so von pathogenen Erinnerungen und Emotionen, aus denen die hysterischen Symptome stammen. Gemeinsam fand man, daß der hysterische Patient «größtenteils an Reminiszenzen» leidet, für die ein frühes pathogenes Trauma verantwortlich sei, das er oder sie sich nicht selbst vergegenwärtigen könne. Mit bewußtseinserweiternden Verfahren wollte man das Nichterinnerbare hervorlocken – anfangs übrigens mit Hilfe von Hypnose oder auch Handauflegen und Kopfdrücken. Die eigentliche psychoanalytische Redekur beginnt erst mit Freuds Technik des «freien Assoziierens». Die Patienten sollen alles, was ihnen spontan durch den Kopf geht, auch scheinbar willkürliche Einfälle, vorbringen. Freud glaubt an einen strengen Determinismus im Seelenleben, und so unterliegt für ihn auch das freie Assoziieren bestimmten Gesetzen, die es herauszufinden gilt. Jeden assoziierten Einfall betrachtete er als Symptom, das die verborgene, ja unterdrückte, jedenfalls verschlüsselte Erinnerung enthält. Bei diesen verborgenen und verschütteten Erlebnissen und Erinnerungen spielt das sexuelle Moment eine wesentliche Rolle. Unübersehbar war ja die Hysterie auch ein Protest von zumeist jungen Frauen mit gehemmtem erotischem Erleben. Freud und Breuer fanden in der Krankheit eine Unzufriedenheit gegen familiäre und gesellschaftliche Zwänge artikuliert; einen Widerstand, für den es keine Worte, sondern eben nur somatische Signale gab. Von seinen Symptomen ‹besessen›, neigt der hysterische Mensch zu exzessiven, übersteigerten und bisweilen theatralischen Ausdrucksformen, die vielfach als Allegorie auf verborgene Wünsche verstanden wurden. Anders als Breuer widmete sich Freud dem Aufdecken von verdrängten *sexuellen* Vorstellungen. Die Liebe tritt ins Zentrum dieser Psychologie. Um das Verfahren der Redekur überhaupt anwenden zu können, müssen Arzt und Patient in eine Beziehung treten, die früher «Rapport» genannt wurde und bei Freud «Übertragung» heißt. Heilen ist nur bei gegenseitiger Anziehung möglich: «Das Verfahren ist mühselig und zeitraubend für den Arzt», schreibt Freud in den *Studien,* «es setzt ein großes Interesse für psychologische Vorkommnisse und doch auch persönliche Teilnahme für den Kranken voraus. Ich könnte mir nicht vorstellen, daß ich es zustande brächte, mich in den psychischen Mechanismus einer Hysterie bei einer Person zu vertiefen, die mir gemein und widerwärtig vorkäme, die nicht bei näherer Bekanntschaft imstande wäre, menschliche Sympathie zu erwecken.» Später betont Freud die erotische Komponente in der Behandlung weitaus offener und spricht in einer brieflichen Mitteilung kurz und bündig von einer «Heilung durch Liebe». Aber Lieben – und darin lag ein Problem – ist natürlich keine beherrschbare Fähigkeit, kein Instrument, das sich zur Behandlung einsetzen und wieder beiseite legen läßt. Außerdem war man allgemein der Überzeugung, daß die Hysterikerin sowieso schon im Übermaß liebt. Freud nennt die «Liebesfähigkeit» der Hysterischen, «abnorm und maßlos». Wie immer man die Ziele der Behandlung definiert, allein durch das Verfahren werden Arzt und Patientin so nah zusammengerückt, daß ‹gefährliche› Situationen unausbleiblich sind. Wie groß die Gefahr war, zeigte schon der Fall von Anna O., die mit bürgerlichem Namen Bertha Pappenheim hieß und zu den berühmten Hysterie-Patientinnen gehört. Für Breuer, ihren Arzt, spielte sie die Rolle einer Muse, die ihre eigene Behandlung in bildlichen Redewendungen als «chimneysweeping» – Kaminfegen – und «talking-cure» – Redekur – beschrieb. Die junge, einundzwanzigjährige Patientin entwickelte dann aber während der Kur starke Gefühle der Verliebtheit gegenüber ihrem Arzt, sie steigerte sich in eine Scheinschwangerschaft hinein und phantasierte eine Geburtsszene. Von alledem liest man in den *Studien über Hysterie* nichts. Erst sehr viel später hat Freud davon berichtet. Breuer selbst brach nach zwei Jahren die Behandlung ab, um sich, seine Familie und seinen guten Ruf nicht zu gefährden. Rückblickend schreibt er: «Für einen Allgemeinpraktiker» sei es unmöglich gewesen, «einen solchen Fall zu behandeln, ohne seine Tätigkeit und seine Lebensweise vollkommen zu ruinieren. Ich gelobte damals, daß ich *nicht* noch einmal durch eine solche Hölle gehen würde.»

Die von Freud praktizierte Methode war umstritten. Vor allem das Erforschen sexueller Wünsche und Begierden wurde von vielen Kollegen abgelehnt. Gleichwohl ging Freud nach Veröffentlichung der *Studien* diesen Weg weiter, ja, er radikalisierte ihn, indem er behauptete, daß die Hysterie durch traumatische sexuelle Ereignisse in der Kindheit ausgelöst würde. Durch sein neues Verfahren, das er nun «Psychoanalyse» nennt, sei er, so Freud, immer wieder auf verdrängte Erinnerungen an sexuellen Mißbrauch gestoßen. Freud spricht 1896 in einem Vortrag «Zur Ätiologie der Hysterie» von «infantilen Sexualszenen», vom «Koitus im Kindesalter». Mit diesen Behauptungen, die später als «Verführungstheorie» in die Literatur eingehen, erntet er bei seinen Kollegen Kopfschütteln. Niemand vermag so recht daran zu glauben, daß bei der Vielzahl der Fälle von hysterischen Erkrankungen immer auch sexueller Mißbrauch vorliegt. Auch Freud begann schon ein Jahr später an diesem Zusammenhang zu zweifeln: die Verführung, behauptet er nun, habe in den allermeisten Fällen nicht real, sondern in der Phantasie stattgefunden, es seien zum großen Teil erfundene Geschichten, keine wirklichen Erlebnisse. An der Theorie aber, daß neurotische Erkrankungen durch verdrängte sexuelle Vorstellungen und Wünsche entstehen, ändere sich dadurch nichts.

Freud zog sich aus der Schußlinie. Wie immer er aber seine Position relativierte, das Verfahren selbst schien vielen Zeitgenossen und Kollegen nicht ganz geheuer – ein Mysterium. Mehr Aufklärung über die psychoanalytische Technik brachte erst die Ende 1899 erschienene *Traumdeutung*. Mit diesem Buch beansprucht Freud ein wesentliches Rätsel des Seelenlebens gelöst zu haben. Er sieht in der Traumdeutung den Schlüssel zu den Abgründen des Selbst, die «Via regia zur Kenntnis des Unbewußten». Er will nachweisen, daß ein psychisches Gebilde wie der Traum, der an der Oberfläche sinnlos und absurd erscheint, in Wirklichkeit eine – sexuelle – Botschaft enthält, die man mit Hilfe einer bestimmten Technik übersetzen und entziffern kann.

Die Gesellschaft nährt sich zwar imaginär vom Tabu, vom Verdrängten, aber sie «will nicht, daß davon gesprochen wird». So erklärt sich Freud in einer 1924 geschriebenen *Selbstdarstellung* die Reaktionen auf sein Buch, das zwar beachtet wurde und Rezensenten fand, aber wenig gekauft wurde. Die 600 Exemplare der ersten Auflage reichten fast zehn Jahre: erst 1909 wurde die *Traumdeutung* nachgedruckt. Und erst jetzt begann der Siegeszug der Psychoanalyse, setzte sich die internationale Anerkennung durch. Am Anfang der Entwicklung vom Einmannunternehmen ‹Psychoanalyse› hin zu einer Bewegung mit Schülern, Anhängern und Vereinigungen standen zwei Ereignisse, die den Prozeß geprägt haben: Anfang 1902 wird Freud – nach fünfjähriger Wartezeit – zum außerordentlichen Professor in Wien ernannt; und im selben Jahr – im Herbst – traf sich zum ersten Mal ein kleiner Kreis von psychoanalytisch Interessierten im Haus von Sigmund Freud: Alfred Adler, Max Kahane, Rudolf Reitler und Wilhelm Stekel. Vier Ärzte jüdischer Herkunft und im Durchschnitt zehn Jahre jünger als Freud. Das war der Anfang der *Psychologischen Mittwochs-Gesellschaft*, die zur Keimzelle der psychoanalytischen Bewegung wurde.

In den nächsten Jahren schlossen sich viele andere, nicht nur Ärzte, sondern auch Literaten und Künstler diesem Kreis an. Bis 1910 blieb es eine reine Männerrunde, die sich allwöchentlich bei Zigarren und Kaffee erregte Debatten lieferte. Man diskutierte über Onanie und Todeswünsche, über ödipale Konflikte und Angsthysterie, über psychische Impotenz und Eheschwierigkeiten, über Sexualtraumen und Schlafwandeln. Man fühlte sich jedem Thema gewachsen. «Wir waren wie Pioniere in einem unentdeckten Land», schreibt das Gründungsmitglied Wilhelm Stekel, «und Freud war der Führer.»

So wichtig dieser Kreis von Schülern mit der Zeit wurde, die wissenschaftliche und gesellschaftliche Geltung, die Freud sich so sehr wünschte, konnte er in den Anfangsjahren nicht befördern. Anerkennung erfuhr die Psychoanalyse in dieser Zeit nicht aus Wien, sondern aus Zürich. Im April 1904 berichtete Freud seinem langjährigen Freund früherer Zeiten, dem Berliner Hals-Nasen-Ohrenarzt Wilhelm Fließ: «allerorten mehren sich die Zeichen der Zustimmung zu meinen Ansichten. Eine geradezu verblüffende Anerkennung meines Standpunktes fand ich unlängst in einer Buchkritik der Münchner Medizinischen Wochenschrift von seiten eines offiziellen Psychiaters, Bleuler in Zürich. Denke Dir: ein o. ö. Professor der Psychiatrie und meine bisher mit Abscheu genannten Studien über Hysterie und Traum.»

Eugen Bleuler leitete damals das Burghölzli in Zürich; eine Heilanstalt und psychiatrische Universitätsklinik mit internationalem Ruf. 1898 hatte er die Nachfolge von Auguste Forel, einem vielgerühmten charismatischen Arzt, angetreten, der fast zwanzig Jahre Direktor am Burghölzli gewesen war. Unter Bleulers Leitung entwickelte sich die angesehene Anstalt zur renommierten Forschungsstätte. Ärzte aus vielen Ländern holten sich Anregungen oder ließen sich hier ausbilden. Bleuler gehörte zu den großen Psychiatern seiner Zeit, ein Mann von Grundsätzen, streng gegen sich selbst, ein unermüdlich arbeitender Kliniker und Forscher, der Symptombilder beschrieb und Begriffe prägte, wie Schizophrenie, Ambivalenz und Autismus, die in den psychiatrischen Diskurs eingingen und Geschichte machten. Auf ihn als Fürsprecher konnte Freud mit Recht stolz sein. «Freud», so schreibt Bleuler in der erwähnten Rezension, «hat uns in seinen Hysterie- und Traumstudien ein Stück – lange nicht alles – einer neuen Welt gezeigt. Unser Bewußtsein sieht nur die Puppen auf seinem Theater; in der Freudschen Welt werden viele der Schnüre gezogen, die die Figuren bewegen.» Zum erstenmal sieht sich Freud von der akademischen Psychiatrie bestätigt. Was er jedoch nicht wußte: schon 1896 hatte Bleuler die *Studien über Hysterie* besprochen und als Pionierarbeit gelobt. Das Buch, schrieb Bleuler damals, «eröffnet eine ganz neue Einsicht in den Mechanismus des Seelenlebens und liefert einen der wichtigsten Beiträge der letzten Jahre». Und sogleich nach 1900, als Freud sich noch isoliert glaubte, diskutierte man im Burghölzli bereits seine *Traumdeutung*. Anfang 1901 hatte Bleuler seinen neuen Assistenzarzt, Carl Gustav Jung, beauftragt, ein Referat über die *Traumdeutung* für die Ärzte der Klinik auszuarbeiten. Seitdem war die Debatte um das Buch nicht mehr verstummt. Man betrachtete jetzt viele Fälle mit anderen Augen, die Unschuld des Sehens war dahin; und um das Verfahren zu prüfen, deutete man sich im Kreis der Ärzte gegenseitig die Träume. Natürlich gab es auch skeptische und zurückhaltende Stimmen, aber im allgemeinen überwog die Auffassung, daß mit der Psychoanalyse eine neue Sicht- und Denkweise vorlag, die über kurz oder lang auch die psychiatrische Behandlung revolutionieren wird. Vor allem Carl Gustav Jung zeigte sich von den Ideen Freuds tief beeindruckt.

Jung war damals gerade neunundzwanzig Jahre, ein hochmotivierter ehrgeiziger Arzt am Anfang einer großen Karriere. In wenigen Jahren steigt er in der psychoanalytischen Bewegung zur Lichtgestalt auf; Freud ernennt ihn zum Kronprinzen und einzig legitimen Fortsetzer seines Werks. Doch dann kommt es zum Krach, die Wege der beiden trennen sich. Viel ist seitdem über diesen Bruch, der Jung in eine tiefe seelische Krise stürzte, geschrieben worden. Seit der Veröffentlichung des Briefwechsels zwischen Freud und

Eugen Bleuler, eine der großen Gestalten der Psychiatrie um 1900. Er war der erste Kliniker, der die Lehren Freuds auf die Geisteskrankheiten anwandte. 1898 wurde er Nachfolger Auguste Forels als Leiter des Burghölzlis. Bleuler war der Doktorvater C. G. Jungs und Sabina Spielreins.

Jung im Jahr 1974 weiß man etwas besser über die Motive und Beweggründe Bescheid. Die Entwicklung Jungs, die ihn zur Revision der Psychoanalyse führt, ließ sich nun genauer nachvollziehen. Gleichwohl gibt es in diesem Briefwechsel eine Reihe von Merkwürdigkeiten, die sich nur schwer einordnen und verstehen lassen, Geschichten und Ereignisse, die für Jungs frühe Entwicklung offenbar hochbedeutsam waren, über die er sich aber in seinen späteren Lebensjahren ausgeschwiegen hat.

Ein zufälliger Fund brachte dann Licht in das Dunkel. 1977 fand man im Keller des Palais Wilson in Genf, in dem früher das Psychologische Institut untergebracht war, das Tagebuch und zahlreiche Briefe einer Person, die im Briefwechsel zwischen Jung und Freud eine wichtige Rolle spielt: Sabina Spielrein. Sie hatte zuletzt in Genf gelebt und am Rousseau-Institut Psychoanalyse gelehrt, bevor sie 1923 zurück nach Rußland ging. Von ihrer Person war bis zu diesem Fund wenig mehr bekannt als ein paar biographische Daten, und auch die waren unvollständig; nicht einmal das Todesdatum konnte man mit Sicherheit angeben. Etwas mehr wußte man über ihre Tätigkeiten und veröffentlichten Arbeiten: Sabina Spielrein gehörte zu den ersten Psychoanalytikerinnen und schrieb zahlreiche Artikel und Abhandlungen, darunter eine im Jahre 1912 erschienene Studie über *Die Destruktion als Ursache des Werdens*. In dieser Schrift nimmt Sabina Spielrein vieles vorweg, was Freud sehr viel später zum Destruktions- und Todestrieb sagt. Außer einer Fußnote, wo ein vager Zusammenhang mit den eigenen Gedanken hergestellt wird, hat er jedoch in seinem Werk jeden Hinweis auf Spielrein unterlassen. Als Freud die Arbeit kennenlernt, stand er mit Sabina Spielrein noch in einem persönlichen Kontakt, denn sie lebte für einige Zeit in Wien, war Mitglied der Psychoanalytischen Vereinigung und referierte auf den Mittwochsitzungen. Die in der Zwischenzeit veröffentlichten Protokolle der Vereinigung zeigen, wie couragiert Sabina Spielrein bei diesen Gelegenheiten aufgetreten ist – als einzige Frau in einem Kreis von Männern, die weitgehend aufeinander eingespielt waren. Es will darum nicht recht ins Bild passen, daß es sich hierbei um dieselbe Person handelt, die als Patientin Jungs in den Briefen zwischen Jung und Freud immer wieder besprochen wird. Den Briefen ist aber zu entnehmen, daß es bei der Behandlung zu Komplikationen kam, sogar von Liebesverwirrungen ist die Rede, die beinahe zum Skandal geführt hätten. Obwohl anhand der Briefe manches unklar bleibt, scheint der Sachverhalt eindeutig: Eine Analysandin verliebt sich während der Behandlung in ihren Analytiker und will dann auf ihre Liebe nicht verzichten. Eine verunglückte Kur – so sieht es zunächst die psychoanalytische Zunft und ordnet den Fall als nicht aufgelöste Übertragungsliebe ein. Bis zu dem Zeitpunkt, als man das Tagebuch und die Briefe Sabina Spielreins fand. Nun wurde eine etwas andere Geschichte sichtbar, eine, wie die Zunft nahezu einhellig meinte, «furchtbare Geschichte».

Eine junge Russin

Im August 1904 reist eine junge Russin mit ihren Eltern von Rostow am Don, ihrer Heimatstadt, nach Zürich. Sie will hier studieren. Daran war nichts Ungewöhnliches. Viele ihrer Landsleute zog es um diese Zeit zum Studium in die Schweiz. Die Zahl der russischen Studierenden war seit der Jahrhundertwende sprunghaft angestiegen. 1904 ist ein Drittel aller Studierenden an den eidgenössischen Hochschulen russischer Nationalität. Und die Kurve ging weiter steil nach oben. In der Schweiz sprach man etwas beängstigt von einer «zweiten Russenwelle». Die «erste Russenwelle» gab es um 1870; auch damals kam ein Drittel aller Studierenden aus Rußland. Im Züricher Plattenquartier, wo viele Russen zur Untermiete oder in Pensionen wohnten, bildete sich eine regelrechte Kolonie mit einem ganz eigenen Flair. Schon damals fiel der hohe Anteil der Russinnen auf. In der Zeit um 1904 war das nicht anders: Fast vier Fünftel aller weiblichen Studierenden kamen aus dem Russischen Reich.

Wie in vielen westeuropäischen Ländern war den Frauen in Rußland der Zugang zur Universität verwehrt. Im Zarenreich hatte man als Alternative zum regulären Studium «Höhere Frauenkurse» eingerichtet. Hier bildete man vor allem Lehrerinnen und Ärztinnen aus, aber Ausbildung und Abschluß hatten nicht denselben Status wie an der Universität. Das wurde schon formal deutlich: Wer die Kurse besuchte, durfte sich «Hörerin» nennen, die Bezeichnung «Studentin» gab es offiziell nicht. Die «Frauenkurse» waren zwar ein wichtiger Schritt zur beruflichen Emanzipation, die Existenz der Kurse war politisch jedoch keineswegs gesichert.

So hatte man nach der Ermordung Alexanders II. im Jahre 1881 alle «Frauenkurse» kurzerhand geschlossen, erst Ende der neunziger Jahre wurden sie teilweise wieder geöffnet. Später galten jedoch strikte Zulassungsbeschränkungen, mit denen man vor allem den hohen Anteil jüdischer Frauen reglementieren wollte. In dieser Zeit entschlossen sich erneut viele russische Frauen zu einem Studium im Ausland. Und wie schon in den 1870er Jahren hieß Ausland für die meisten Russinnen: die Schweiz. Dank liberaler Aufnahmeregelungen war in vielen Städten der Eidgenossenschaft auch Frauen das Studium an einer Hochschule erlaubt. In Genf, Bern, Lausanne und eben in Zürich, wo 1867 zum erstenmal an einer deutschsprachigen Universität eine Frau ihr Doktorexamen ablegte: die Russin Nadeschda Suslowa.

Sabina Spielrein – so heißt die junge, knapp neunzehnjährige Russin aus Rostow am Don – würde ihrer Landsmännin gerne folgen: Zürich und das Studium der Medizin, das wünschte sie sich schon lange. Aber sie hatte gesundheitliche Probleme. Welche, das war nicht klar. Aus ihren Tagebuchnotizen wissen wir nur, daß ihre Krankheit mit dreizehn Jahren anfing; über ihre Beschwerden, über das Krankheitsbild schreibt sie nichts. Allem Anschein nach müssen die Symptome im Sommer 1904 jedoch so gravierend gewesen sein, daß die Eltern sich entschließen, ihre Tochter zunächst in der psychiatrischen Klinik Burghölzli untersuchen zu lassen. Da die Krankenakte nicht zugänglich ist, gibt es keine Informationen über die Art der Untersuchung, über den Zustand der Patientin und die ärztliche Diagnose zu diesem Zeitpunkt. Carl Gustav Jung greift den Fall dann aber drei Jahre später in einem Vortrag über die «Freudsche Hysterietheorie» auf. Als er die Patientin zum erstenmal in Augenschein genommen habe, sagt Jung, sei ihr Zustand besorgniserregend gewesen, sie lebte eigentlich nur noch im Wechsel «zwischen tiefen Depressionen, Lach-, Wein- und Schreikrämpfen (...). Sie konnte niemand mehr ansehen, hielt den Kopf verborgen, streckte bei jeder Berührung unter den Zeichen größten Abscheus die Zunge heraus usw.» Jung schildert chronologisch die Krankengeschichte einer, wie es im Vortrag heißt, «intelligenten jungen Dame», bei der es sich – das wird dann spätestens mit den wiedergefundenen Tagebüchern deutlich – um Sabina Spielrein handelt. Die ersten Symptome ordnet er dem dritten und vierten Lebensjahr zu: Sie habe in dieser Zeit «den Stuhlgang so lange zurückbehalten, bis sie durch Schmerz zur Defäkation gezwungen wurde». Schließlich sei sie dazu übergegangen, bestimmte «perverse Handlungen» vorzunehmen: «Sie setzte sich in kauernder Stellung auf die Ferse des einen Fußes und versuchte in dieser Stellung zu defäzieren, indem sie mit der Ferse gegen den Anus stemmte.» Mit sieben Jahren hören diese Handlungen auf und wurden durch Onanie abgelöst. In dieser Zeit sei es zu einer entscheidenden Szene gekommen: «Als sie einmal in diesem Alter Schläge von ihrem Vater auf die entblößten Nates erhielt, verspürte sie eine deutliche sexuelle Erregung.» Sie hätte dann «ein auffallend ablehnendes Verhalten gegen den Vater» gezeigt. In der Pubertät «entwickelten sich Phantasien durchaus perverser Art», die Zwangscharakter annehmen: «sie konnte sich nie zu Tische setzen, ohne daß sie sich beim Essen zugleich die Defäkation vorstellen mußte; sie konnte auch niemand ansehen beim Essen, ohne an das gleiche zu denken, namentlich nicht den Vater. Besonders die Hände des Vaters konnte sie nicht mehr ansehen ohne sexuelle Erregung.» Schließlich kann sie «in Gegenwart anderer Personen gar nicht mehr essen» und bricht unvermittelt in «Zwangslachen und Pfuirufen» aus. Ihre Phantasien werden nun immer dominanter. Mit fünfzehn versucht sie, «sich einem andern Menschen liebend anzuschließen», sie sucht Kontakt zum anderen Geschlecht, «eine Neigung zu ihrem Lehrer» erwacht in ihr, aber ihre Phantasien schieben sich dazwischen und führen zum Abbruch der Beziehung. Der Ekel überlagert schließlich alle Lebensäußerungen und erzwingt bei dem, so Jung, «überaus liebebedürftigen Kinde» in der folgenden Zeit eine fast vollständige Isolation. «Mit ungefähr achtzehn Jahren» sei der Gefühlskonflikt eskaliert und habe die Patientin in eine schwere Krise gestürzt.

Jungs Diagnose: «psychotische Hysterie». Der Fall zeigt aufs schönste, was Jung an ihm bewundern will, nämlich die ‹Wahrheit› der Hysterietheorie Freuds: die verdrängten Wünsche und Begierden unterliegen einer Konversion und verwandeln sich in körperliche Symptome. Dem heutigen Leser fällt es schwer, die medizinische Klassifikation der hysterischen Zeichen nachzuvollziehen und die Natur eines Leidens zu verstehen, das alles andere als «natürlich» war. Schon damals führte das Unbehagen an der Hysterie dazu, dem Arzt vorzuwerfen, er suggeriere die Themen. In der Regel aber waren es die Patienten, die, wie Freud schon in den 1890er Jahren verblüfft feststellt, selbst mit sexuellen Mitteilungen anfingen.

Gleichwohl war die Hysterie, als Jung die Diagnose stellt, bereits ein Randphänomen. Kurz nach der Jahrhundertwende wurden Fälle von Hysterie sehr viel seltener diagnostiziert. Das klassische Krankheitsbild schien sich im ersten Drittel des zwanzigsten Jahrhunderts endgültig aufzulösen beziehungsweise etwas anderes zu bedeuten. Als im März 1928 die Surrealisten Louis Aragon und André Breton in ihrer Zeitschrift *La Révolution Surréaliste* der Hysterie gedachten, schrieben sie: «Hysterie ist keine pathologische Erscheinung, sondern kann in jeder Hinsicht als ein höchstes Ausdrucksmittel angesehen werden.»

Über das Verschwinden der Hysterie als autonome pathologische Erscheinung ist viel gerätselt worden: War Hysterie nur eine Erfindung der Ärzte, die das Bild der Krankheit nach ihren Zwecken formten? Haben die Hysterikerinnen nur eine theatralische Rolle gespielt und Symptome der Besessenheit kreiert? Oder war die Hysterie eine soziale Epidemie, die aus einem komplizierten gesellschaftlichen Geflecht hervorging? Ist im zwanzigsten Jahrhundert vielleicht nur das Symptombild verschwunden, und die Krankheit zeigt sich in anderem Gewand?

Jede Zeit hat ihre Krankheiten, das gilt vor allem für psychogene Symptome, die nicht unmittelbar von organischen Erkrankungen herrühren. Solche Symptome unterliegen, wie Edward Shorter gezeigt hat, einer «kulturellen Gestaltung». Sie stammt nicht allein vom Kranken, von seinen unbewußten Phantasien, sondern von der Kultur, die der Psyche «Inszenierungsschablonen oder Modelle des Krankseins zur Verfügung» stellt. Nur wenn der Kranke aus diesem Fundus Symptome ‹wählt›, gilt sein Leiden als legitim, als ‹echte› Krankheit. Die ärztlichen Ansichten darüber, was legitime Krankheitszeichen sind, ändern sich dabei freilich ebenso wie die vom Patienten produzierten Symptome.

Gemessen an den tonangebenden Vorstellungen von Krankheit nach der Jahrhundertwende scheint Jung mit seiner Diagnose «psychotische Hysterie» nicht mehr ganz den Zeitgeschmack getroffen zu haben. Trotzdem hatte Jung gute Gründe, an seiner Diagnose festzuhalten. Sabina Spielrein war Russin, genauer gesagt, eine assimilierte russische Jüdin. Sie kam aus einem völlig anderen kulturellen Umfeld, aus einem Land, in dem die Moderne noch nicht Einzug gehalten hatte. Ihre Nationalität, ihr jüdischer Glaube, unterschied sich vom Gros der Patienten im Burghölzli. Man mußte deshalb den Fall aus einem ganz anderen Blickwinkel betrachten. Was man aber über die russische Frau zu damaliger Zeit dachte, war ein Gespinst von Vorurteilen und Mythen. Der Wiener Psychiater Richard von Krafft-Ebing – die große Autorität in der Sexualforschung – attestierte der russischen Frau ein abnormes Liebesverlangen und einen angeborenen Masochismus. Und Freud sah in der russischen Frau ein Geschöpf, das ungewöhnlich nah am Unbewußten siedelt. In der russischen Seele hätten sich Erbstücke des Primitiven erhalten, und das Erotische würde unter diesen Bedingungen weniger sublimiert hervortreten. Als Sigmund Freud 1909 den Russen Sergej Pankieff in die Analyse nimmt, jenen berühmten ‹Wolfsmann›, schreibt er: «Persönliche Eigentümlichkeiten, ein dem unsrigen fremder Nationalcharakter, machten die Einfühlung mühsam.» Der Kranke sei «liebenswürdig», von «scharfer Intelligenz und vornehmer Denkungsart», habe aber ein «völlig ungebändigtes Triebleben». (*Aus der Geschichte einer infantilen Neurose*)

Jung sah das im Fall von Sabina Spielrein offenbar ganz ähnlich. In ihrem Tagebuch zitiert Sabina Spielrein einen an Freud gerichteten Briefentwurf Jungs aus dem Jahre 1905. Anscheinend wollte Jung schon damals Kontakt mit Freud aufnehmen und den Fall schildern, tat es aber dann erst ein Jahr später. Jung spricht in dem Briefentwurf von der «russischen Eigentümlichkeit», die sich im Charakter seiner Patientin zeige, der «etwas rücksichtloses und unbilliges» habe, auch nennt er ein fehlendes «Gefühl für Opportunität». Die Vorstellungen vom Russen waren durch ein zeittypisches Kulturklischee geprägt, das das Patientenschicksal überlagerte. Auch die Wahrnehmungen Jungs möchte man eher dem Stereotyp und nicht der wirklichen Person zuschreiben. Von dieser Person aber ist, zumindest aus den ersten beiden Jahrzehnten ihres Lebens, nur wenig bekannt. Und das wenige ist so unsensationell, zeigt einen so normalen Entwicklungsverlauf, daß sich die von Jung geschilderte Krankheitsgeschichte und seine Bemerkungen zur Persönlichkeit kaum damit in Beziehung setzen lassen.

Über ihre Kindheit und Herkunft hat Sabina Spielrein einiges in ihrem Tagebuch von 1909 bis 1912 berichtet, anderes in einem Aufsatz: «Beiträge zur Kenntnis der kindlichen Seele», der 1912 erschien. Sie schildert sich selbst als ein in sich gekehrtes, phantasievolles Kind, das lange Zeit von aller Realität ferngehalten wurde: «Meine Eltern, eigentlich die

Mutter, waren stolz auf die *Reinheit* und *Naivität* ihrer Tochter; auch meine Kolleginnen wollten mich nicht durch Aufklärungen *beschmutzen*. (...) Am Ende gefiel ich mir selbst in meiner Unschuld und hatte eine gewisse Scheu durch die Erkenntnis, verunreinigt zu werden.» Von «sexuellen Dingen» habe sie erst während ihres Studiums gehört. Unter diesen Bedingungen hätte sich, wie sie in ihrem Aufsatz schreibt, eine besonders intensive sexuelle Wißbegierde entwickelt. Schon früh beschäftigt sie offenbar die Frage, woher denn die Kinder kommen. Und wie alle Kinder entwickelt sie über Zeugung und Geburt seltsame Theorien und Vorstellungen. Eine ganze Zeitlang glaubt sie daran, daß der Mensch durch das Wunder der Alchemie geschaffen werden kann. «Beständig plagte ich die Eltern mit Fragen, wie alle möglichen Gegenstände ‹*gemacht*› werden, und wenn ich keinen Menschen ‹*machen*› konnte, so machte ich eifrig Oliven, Seife, alles, was ich nur gestalten konnte.» Nicht nur die Entstehung des Menschen interessiert sie, fasziniert ist sie auch von den Unterschieden zwischen den Menschen, besonders Amerikaner fesselten ihre Neugier, «weil sie, da ja die Erde ein Ball ist, unter uns mit dem Kopfe nach unten, den Beinen nach oben wandern mußten. Lange Zeit hindurch grub ich unermüdlich ein Loch in die Erde und fragte jedesmal meine Mutter, ob es noch lange geht, bis ich die Erde durchbohrt habe und einen Amerikaner an den Beinen herausziehen kann.» Groß sei ihre Phantasie gewesen, aber gleichwohl hätte sie doch immer um den Unterschied zur Realität gewußt. «Von anderen wollte ich zu dieser Zeit keine Märchen hören: diese konnte ich selbst zur Genüge produzieren, die Wahrheit wollte ich wissen.»

Sabina wächst behütet auf. Sie ist das erste von fünf Kindern. Drei Söhne, Isaak, Jan und Emil, und eine jüngere Tochter, Emilia, die im Kindesalter stirbt, gehören noch zur Familie. Die Spielreins zählen zu den reichen jüdischen Kaufmannsfamilien in Rostow. Als ihre Tochter Sabina im Jahre 1885 hier zur Welt kommt, entwickelt sich die Stadt gerade zu einer bedeutenden Handelsstadt in Südrußland. Nur halb so groß wie Odessa, die nordwestlich gelegene Perle des Schwarzen Meeres, und längst nicht so prächtig und prunkvoll, hat Rostow doch seinen eigenen Reiz. Die Stadt liegt auf dem hohen rechten Ufer des Don, zwanzig Kilometer vor der Mündung in das Asowsche Meer. Westlich von der Mündung befindet sich die kleinere, aber lange Zeit bedeutendere Hafenstadt Taganrog. Anton Tschechow ist hier geboren und aufgewachsen. In einigen Erzählungen schildert er die Menschen, die an der Don-Mündung oder weiter draußen in der Steppe leben.

Seit der Regentschaft Katharinas hat sich die Nordküste des Schwarzen Meeres und das Don-Delta zu einer sehr fragilen Vielvölkerregion entwickelt: Griechen, Kosaken, Tataren, Juden, Armenier leben in diesem Gebiet – nach Volksgruppen getrennt und auf zum Teil abgegrenztem Territorium. In vielen Städten der Region eskalieren um 1900 die Konflikte zwischen Zionisten und Antisemiten. In Rostow ist das Zusammenleben um diese Zeit vergleichsweise unproblematisch, was vor allem auch mit den sehr viel besseren ökonomischen Bedingungen zusammenhing. Garanten des Aufschwungs waren die jüdischen Kaufmannsfamilien, die sich hier als Russen fühlten und auch Russisch sprachen. Die Spielreins gehörten zu dieser Schicht und konnten sich in Rostow ein Leben nach westlichem Zuschnitt leisten. Man legt in der Familie großen Wert auf Bildung und auf ein kultiviertes, weltläufiges Benehmen. Den Sommer verbringen die Spielreins im Ausland, sie fahren nach Paris, Wien, Berlin oder in die Schweiz. Sabinas Vater hatte sich emporgearbeitet und lebte nicht mehr in der jüdischen Tradition, in der er aufgewachsen war. Die Familie ihrer Mutter ist äußerlich noch fest im Judentum verwurzelt. Sie stammt aus dem Haus eines angesehenen und einflußreichen Rabbiners, und

«Meine Phantasie war groß: ich war die Göttin und regierte ein mächtiges Reich ...» («Beiträge zur Kenntnis der kindlichen Seele»)
Sabina Spielrein (links) mit ihrer Mutter und der frühverstorbenen, jüngeren Schwester Emilia.

einer ihrer Vorfahren, ihr Großvater, wurde in der Stadt als Heiliger, als Zaddik verehrt. Trotzdem wird die Mutter alles andere als traditionell erzogen. Sie darf ein Mädchengymnasium besuchen und studiert Zahnmedizin, was zu damaliger Zeit noch sehr ungewöhnlich war. Doch ihren Beruf hat die Mutter nach ihrer Heirat und der Geburt der Kinder nicht ausgeübt; sie widmet sich ganz der Familie.

Die Spielreins waren ehrgeizig für ihre Kinder. Die Söhne schicken sie zum Studium nach Westeuropa, und alle drei schlagen eine akademische Laufbahn ein. Am weitesten bringt es Isaak, der in Deutschland bei Hermann Cohen Philosophie studiert. 1921 kehrt er in seine Heimat zurück, wird Leiter der Psychotechnik am Institut für Philosophie in Moskau. Er veröffentlicht Untersuchungen zur *Sprache der Rotarmisten, Zum Wechsel der Vor- und Familiennamen* und wird schließlich verantwortlicher Redakteur der Zeitschrift *Psychotechnik und Psychophysiologie der Arbeit*.

Sabinas Ausbildung steht der ihrer Brüder nicht nach. Sie besucht ein Mädchengymnasium und wird zusätzlich von einem Privatlehrer unterrichtet. Mit vier Sprachen wächst sie auf: Russisch, Deutsch, Englisch und Französisch; und wie es sich für eine wohlerzogene Tochter in der damaligen Zeit gehört, erhält sie auch Klavierunterricht. In der Schule gehört sie nicht nur zu den Besten, die mit Bravour alle Hürden nimmt, sie entwickelt neben dem Pflichtprogramm noch andere Interessen. Als Heranwachsende beschäftigt sie sich mit religionsgeschichtlichen Fragen. Ihr Ehrgeiz ist so groß, daß sie die althebräische Sprache lernt, um die Bibel im Original lesen zu können. Offenbar hat der Vater dem Eifer seiner Tochter in diesen Dingen nur wenig Verständnis entgegengebracht, ihre Aktivitäten aber auch nicht unterbunden. Die Beziehung zur Mutter scheint eine ganze Zeitlang eng und vertraut gewesen zu sein. Später, während der Pubertät, nimmt Sabina sie auch als Rivalin wahr. Als sie sich heimlich in einen Lehrer verliebt, bemerkt sie, verstört und verlegen, daß die Mutter sich ebenfalls um diesen Lehrer bemüht. Ihre Mutter, schreibt sie im Tagebuch, hätte nicht aus Liebe geheiratet und sei nur widerstrebend diese Ehe eingegangen. Eigentlich habe sie einen anderen Mann geliebt, der aber christlichen Glaubens gewesen sei und den sie deshalb nicht heiraten durfte. Die Problematik christlich-jüdischer Verbindungen erfährt Sabina Spielrein bereits in ihrer Schulzeit: Sie befreundet sich mit einem jüdischen Mädchen und einer Christin. Während die beiden Mädchen unter sich Freundschaft schließen, zieht sich Sabina aus der Verbindung zurück: «ich habe jede einzeln kennengelernt, jede einzeln, so verschieden sie auch waren eine Zeitlang geliebt.» So enttäuschend diese Freundschaften verlaufen sind, nichts deutet darauf hin, daß Sabina Spielrein auf irgendeine Art und Weise isoliert oder gehemmt war. Sie kann sich behaupten, entwickelt eigene Interessen, hält in der Schule gern Referate, hat Umgang mit ihren Klassenkameradinnen, schwärmt heimlich für ihren Lehrer und dann für ihren Onkel. Die Entwicklung scheint bis dahin völlig normal verlaufen zu sein, auf den von Jung beschriebenen progredierenden Krankheitsverlauf gibt es jedenfalls keinen Hinweis. Erst in der frühen Adoleszenz, also in der Zeit zwischen dem zwölften und vierzehnten Lebensjahr, zeigen sich die ersten Symptome. In ihrem Tagebuch schreibt sie: «es war etwa in der 6ten Klasse nach dem Tode meines Schwesterchens, da meine Krankheit begann. Ich floh in die Einsamkeit (...), entfernte mich überhaupt von allen Leuten.»

Zwei verschiedene Personen

Im Burghölzli gilt C. G. Jung als ein Mann von festen Entschlüssen, begeisterungsfähig, mitreißend, eloquent und von unerschütterlichem Selbstvertrauen. Niemand zweifelt daran, daß er eine glänzende Karriere vor sich hat. Was er anfaßt, betreibt er mit äußerster Intensität. Als er im Dezember 1900 seine Stelle antritt, zieht er sich für ein halbes Jahr in der Anstalt zurück und liest «fünfzig Bände der Allgemeinen Zeitschrift für Psychiatrie». In seinen *Erinnerungen* schreibt er: «Ich wollte wissen, wie der menschliche Geist auf den Anblick seiner eigenen Zerstörung reagiert, denn Psychiater erschien mir als ein artikulierter Ausdruck jener biologischen Reaktion, die den sogenannten gesunden Geist im Anblick der Geisteskrankheiten befällt.» Seine «Fachkollegen» erschienen ihm deshalb «ebenso interessant wie die Kranken». Viele, die ihn damals erlebten, waren trotz seines zuweilen egozentrischen und schroffen Benehmens von ihm fasziniert. Sein Mitarbeiter Ludwig Binswanger, der spätere Leiter des berühmten Schweizer Sanatoriums Bellevue in Kreuzlingen, nennt Jung einen «wahren Feuergeist, der seine Schüler durch sein Temperament und die Fülle seiner Ideen dauernd in Atem hielt».

Schon in Jungs körperlicher Erscheinung lag offenbar etwas Zwingendes, Zupackendes, eine Kraft, der sich kaum jemand entziehen konnte. Hermann Graf Keyserling bestaunte die «Mischung von Archaischem und Modernem». Diese «paradoxal ergreifende Geistesgestalt (...) findet in seiner Leiblichkeit eine selten getreue Verkörperung. Jung ist als Körper ein Bär, plump und stark und behende zugleich, ohne Grazie; seine Bewegungen entsprechen seiner seltsam ungepflegten, ja ungehobelten Ausdrucksweise; doch», so Keyserling weiter, «dieser moles ist ein Kopf mit einer der feinsten Nasen aufgesetzt, welche ich gesehen, und die kleinen Augen haben einen nicht nur scharfen, sondern raffinierten Ausdruck.» Die vitale Spontaneität Jungs beeindruckte nahezu alle Zeitgenossen. Der Berliner Nervenarzt und Psychiater J. H. Schultz fand in ihm «unbändige Urhaftigkeit», eine Erscheinung, in der «sich gesundes Bauerntum, kindhafte Weisheit und vorseherischer Fanatismus untrennbar mischen».

Jung wirkte wie ein fest in der Realität verwurzelter Mann, den nichts so leicht aus der Bahn werfen kann. Es muß daher überraschen, daß er sich selbst später als einen Menschen beschreibt, der von frühester Jugend an isoliert war und ein Innenleben entfaltete, das ihn von aller Welt trennte. Mit dreiundachtzig Jahren hält er Einkehr, blickt zurück und erzählt episodisch die Ereignisse seines Lebens, seine Geschichte und Vorgeschichte.

«Mein Leben ist die Geschichte einer Selbstverwirklichung des Unbewußten.» Dieser Satz steht am Anfang seiner Autobiographie *Erinnerungen, Träume, Gedanken*. Und legt damit gewissermaßen das Programm fest: Nicht die äußeren Ereignisse, sondern die inneren Erlebnisse, «die Begegnungen mit der anderen Wirklichkeit, der Zusammenprall mit dem Unbewußten», werden zum Ordnungsfaktor seines Lebens. Schon von früher Kindheit an haben ihn solche Erlebnisse in beunruhigenden, alptraumartigen Träumen heimgesucht. Den ersten Traum, an den er sich erinnert und der ihn sein ganzes Leben beschäftigt, erlebt er im Alter von drei oder vier Jahren. Er träumt von einer unterirdischen Gruft, einem Gewölbe, in dem er einen «goldenen Thronsessel» entdeckt, darauf ein merkwürdiges Gebilde von der Gestalt eines Baumstammes saß: Es bestand jedoch, wie der Träumer gewahrt, «aus Haut und lebendigem Fleisch, und obendrauf war eine Art rundkegelförmigen Kopfes ohne Gesicht und ohne Haare; nur ganz oben auf dem Scheitel befand sich ein einziges Auge, das unbewegt nach oben blickte.» Der Gedanke, das Ding könnte auf ihn «herunterkommen» und auf ihn «zu kriechen», erfüllt ihn mit Grauen. Panisches Entsetzen ergreift ihn, als er plötzlich die Stimme seiner Mutter hört: «Das ist der Menschenfresser!» Viele Jahre später wird ihm klar, «daß das merkwürdige Gebilde ein Phallus» war. In der Phantasie des Kindes wird dieser Phallus zum «unterirdischen Gegenspieler» des «Herrn Jesus Christus», der dem Knaben «nie ganz akzeptabel, nie ganz liebenswert» erschien.

Sexualität und Religion stoßen in dieser Kindheit neurotisierend aufeinander, woraus sich mysteriöse Krankheiten und Zwangsideen entwickeln. Mit zwölf wird ihm zu seiner «größten Verwirrung» bewußt, daß er «eigentlich und in Wirklichkeit zwei verschiedene Personen war». Was er als Person Nr. 1 bezeichnet, der äußere Mensch, ist der bei Lehrern und Mitschülern nicht sehr beliebte Schuljunge, der eher mittelmäßige Leistungen nach Hause bringt und sich seiner selbst nicht sehr sicher war; die Person Nr. 2, der innere Mensch, ist «ein alter Mann», der im 18. Jahrhundert lebt, eine «große Autorität», mächtig und einflußreich, die «nicht mit sich spaßen ließ». Auf den ersten Blick könnte man an einen Schutzmechanismus denken, womit Jung sich während der Frühpubertät vor realen Frustrationen zu bewahren versucht, indem er eine geheime Überlegenheit, eine Auserwähltheit imaginiert. Jung hat jedoch dieses «Spiel und Gegenspiel» zeit seines Lebens nicht wieder aufgegeben, es war von konstitutioneller Bedeutung für sein seelisches Gleichgewicht. «In meinem Leben hat Nr. 2 die Hauptrolle gespielt, und ich habe immer versucht, dem freien Lauf zu lassen, was von Innen her an mich heranwollte.» Jung betont zwar, daß sich solche Vorgänge in jedem Menschen abspielen und es sich keineswegs um eine «‹Spaltung› im üblichen me-

Im Herbst 1912 hält C. G. Jung an der Fordham University in New York neun Vorlesungen, in denen er seine Abweichungen von Freuds Lehre begründet. Das Bild erschien zusammen mit einem Interview Jungs in der New York Times vom 29. September unter dem Titel «‹American Facing Its Most Tragic Moment› – Dr. Carl Jung».

dizinischen Sinne» handle, aber die Spannung und Sprengkraft, die in diesen «zwei verschiedenen Personen» liegt, greift mehrfach schicksalhaft in sein Leben ein.

1875 kam Jung als zweites Kind eines evangelisch-reformierten Pfarrers in dem Schweizer Dorf Kesswill am Bodensee zur Welt. Da der erstgeborene Sohn kurz nach der Geburt stirbt, wächst Carl Gustav zunächst als Einzelkind auf. Als seine Schwester Gertrud geboren wird, ist er bereits neun Jahre alt. Die Familie wohnt zu dieser Zeit auf dem rechten Rheinufer gegenüber von Basel, in Kleinhüningen. Damals ein verträumtes Dorf; heute breiten sich hier die Industriebauten und Hafenanlagen von Basel aus. Die Stadt lernt Jung erst kennen, als er ins Gymnasium kommt. «Ich erkannte damals, daß wir arm waren, daß mein Vater ein armer Landpfarrer und ich ein noch viel ärmeres Pfarrerssöhnchen war, das Löcher in den Schuhsohlen hatte und mit nassen Strümpfen sechs Schulstunden absitzen mußte.»

Neben der Armut lastet auf Jung vor allem ein innerer Glaubenskonflikt des Vaters. Der Landpfarrer Paul Jung war unglücklich in seinem Amt, zweifelte am Christentum und wurde mit den Jahren immer unzufriedener mit dem Leben. Paul Jung hatte orientalische Sprache studiert und in Göttingen über eine arabische Fassung des Hohen Liedes promoviert. Als sein Vater starb, fehlten für die angestrebte Habilitation die finanziellen Mittel. Mit dem Geld eines Verwandten konnte er Theologie studieren und wurde schließlich zum Pfarrer ordiniert. «Als Landpfarrer», sagte sein Sohn, «versank er in Gefühlsenthusiasmus und in studentische Erinnerungen, rauchte immer noch die lange Studentenpfeife und war enttäuscht von seiner Ehe. Er tat sehr viel Gutes – zu viel. Infolgedessen war er meist schlechter Laune und chronisch gereizt.»

Der stärkere Teil in der Ehe und der ruhende Pol in der Familie war die Mutter, Emilie Preiswerk. «Sie hatte», erinnert sich C. G. Jung, «eine große animalische Wärme, war ungeheuer gemütlich und sehr korpulent.» Doch dieser äußere Eindruck täuschte. Auch die Mutter – so meint der Sohn – bestand «aus zwei Personen»: «die eine war harmlos und menschlich, die andere dagegen schien mir unheimlich. Sie kam nur zeitweise zum Vorschein, aber immer unerwartet und erschreckend.» Von der Mutter ging etwas Anziehendes und zugleich Irritierendes aus. Jung charakterisiert sie als Seherin, die die Gabe des zweiten Gesichts von ihren Vorfahren geerbt hatte, und streicht immer wieder ihre Besonderheiten heraus. Im Grunde aber besaß sowohl die Mutter als auch der Vater nicht das Format, mit dem sich der später berühmte Sohn so ohne weiteres in Beziehung setzen konnte.

Über Format in diesem Sinne verfügten eigentlich nur die Großväter. Einen besonderen Platz nimmt väterlicherseits der in Mannheim geborene gleichnamige Großvater Carl Gustav Jung (1794–1864) ein. Er studierte in Heidelberg Medizin und arbeitete nach seiner Promotion als chirurgischer Assistent an der Berliner Charité. In dieser Zeit begeistert er sich für die Ideen der Burschenschaften. Als Sympathisant der nationalen Bewegung wird er verhaftet und muß nach Paris emigrieren. Hier lernt er Alexander von Humboldt kennen, der ihn an die Universität Basel empfahl. 1822 erhält er dort den Lehrstuhl für Anatomie, Chirurgie und Geburtshilfe. Als Arzt und Medizinprofessor genießt er einen ausgezeichneten Ruf und wird später sogar Rektor der Universität. Nach der Familienlegende soll er ein unehelicher Sohn Goethes gewesen sein. Sein Enkel ist davon nicht wenig fasziniert. Obwohl ihm schnell klar wird, daß es sich dabei um eine Erfindung handelt, kokettiert er später immer wieder gern mit der Geschichte von der angeblichen Goethe-Verwandtschaft.

Ebenso faszinierend erscheint der Großvater mütterlicherseits, Samuel Preiswerk (1799–1871). Er entstammte einer alten Basler Patrizierfamilie und war als Pfarrer und Antistes (Vorsteher) der reformierten Gemeinde in der Stadt sehr angesehen. Er war anerkannter Privatdozent für hebräische Sprache und Verfasser einer hebräischen Grammatik. Das Judentum interessierte ihn aber nicht nur rein wissenschaftlich. Jahrzehnte bevor die zionistische Bewegung entstand, setzte er sich in der von ihm herausgegebenen Monatsschrift *Morgenland* für die Wiedererwerbung Palästinas durch die Juden ein. Auch über Samuel Preiswerk erzählte man viele Legenden und Anekdoten, er stand im Ruf, übersinnliche Fähigkeiten zu besitzen und mit Geistern vertrauten Umgang zu pflegen. «Meine Mutter», erinnert sich C. G. Jung, «hat mir oft erzählt, wie sie sich hinter ihn setzen mußte, wenn er seine Predigten schrieb. Er konnte es nicht leiden, daß während er studierte, Geister hinter seinem Rücken vorbeigingen und störten! Wenn ein Lebender hinter ihm saß, so wurden die Geister verscheucht!»

Für Jung wird diese familiäre Konstellation in mehrfacher

Hinsicht zum Omen und Vorzeichen: «Meine ganze Jugend kann unter dem Begriff des Geheimnisses verstanden werden.» Und von dieser rätselhaften Innen- und Außenwelt ist er betroffen und zugleich fasziniert. So weit er auch in der eigenen Selbstwerdung kommt, eine Frage zieht sich wie ein roter Faden durch sein Leben: «Was ist mit dem, was unter dem Boden ist?» Dieses Interesse für das Reich des Dunklen, für die innere Bilderwelt, die er als geheimnisträchtige Region, als unerschöpfliches Archiv kostbarer Erfahrungen ansieht, wird zum treibenden Motiv seines Forschens und lebenslangen Suchens nach den verborgenen Wurzeln der eigenen Existenz.

Als knapp Zwanzigjähriger interessiert er sich brennend für okkulte Phänomene. Der Spiritismus war um die Jahrhundertwende allerdings auch in Mode. In einer Vielzahl von Zeitschriften und Büchern, von Vereinen und Zirkeln propagierte man ihn als ein neues Denken zwischen Religion und naturwissenschaftlichem Rationalismus. Der Glaube an das Übersinnliche und Mystische, der sich auch in einer aufgeklärten und entzauberten Welt nie ganz austrocknen ließ, entwickelte sich im Zeitalter der Industrialisierung plötzlich wieder zu einer starken Strömung, einer Bewegung mit pseudowissenschaftlichen und ersatzreligiösen Zügen.

Jungs Interesse ist also nicht so abwegig, wie es aus heutiger Sicht erscheinen mag. Aber Jung ist nicht nur oberflächlich fasziniert, er will der Sache auf den Grund gehen. Er liest zu dieser Zeit alles, was er zu diesem Problem in die Hände bekommt: Kants *Träume eines Geistersehers*, sieben Bände des schwedischen Mystikers Swedenborg, Carl du Prels *Der Spiritismus* und vor allem *Die Seherin von Prevorst* des Dichterarztes Justinus Kerner. In diesem Buch von 1829 erzählt Kerner den Fall der Friederike Hauffe, die einen ungeliebten Mann heiraten soll und nach der Hochzeit schwer erkrankt. Bei der Behandlung bemerkt Kerner Friederikes mediale Fähigkeiten und beginnt mit ihr zu experimentieren. In spiritistischen Séancen wandelt sich das einfache Landmädchen zur begabten Seherin, die Prophetisches verkündet und fremde Sprachen spricht. Jung ist von diesem Buch so angetan, daß er mit eigenen Experimenten die Brücke ins Geisterreich betreten möchte. Offenbar auf sein Drängen hin finden 1895 im Hause des todkranken Vaters die ersten spiritistischen Sitzungen statt. Seine sechs Jahre jüngere Cousine, Helly Preiswerk, tritt dabei als Medium auf. Zunächst spricht sie mit der Stimme und im salbungsvollen Ton des verstorbenen Großvaters, Samuel Preiswerk, später nennt sie ihr somnambules Ich, ihre zweite Persönlichkeit, Ivenes. In ihren hypnoiden Zuständen beschreibt sie Ivenes als «schwarzhaarige Frau, von ausgesprochen jüdischem Typus»; fremdländisch im Aussehen, «in weiße Gewänder gehüllt, den Kopf mit einem Turban bedeckt. Sie versteht und spricht die Sprache der Geister (hebräisch).» In den Séancen erscheinen Motive, die Jung ein Leben lang umtreiben: die Welt des Okkulten, des Übersinnlichen, und eine angstbesetzte, untergründige Faszination durch das Judentum, vor allem durch die jüdische Frau.

Die Sitzungen mit dem Medium Helly Preiswerk werden mehrere Jahre fortgesetzt und liefern Jung den Stoff für seine 1902 abgeschlossene Dissertation: *Zur Psychologie und Pathologie sogenannter okkulter Phänomene*. Jungs Doktorvater, Eugen Bleuler, zeigt sich zwar skeptisch, aber sehr interessiert. Mit Bleuler und dem bekannten Parapsychologen Albert Schrenck-Notzing unternimmt Jung Anfang der zwanziger Jahre eine Reihe weiterer spiritistischer Experimente. Bei der wissenschaftlichen Auswertung blieb Jung gleichwohl vorsichtig. Schon in seiner Dissertation zieht er immer wieder die Glaubwürdigkeit seines Mediums in Zweifel und erklärt Helly schließlich sogar zu einem pathologischen Fall. Seine Faszination verrät sich weniger am konkreten Beispiel als an den Lehrmeistern, die im Hintergrund der Arbeit bewundernd herbeizitiert werden – es sind die großen gelehrten Spiritisten der Zeit: so der Engländer Frederic H. Myers, Gründer und Spiritus rector der *Society for Psychical Research*, oder der Genfer Psychologe Théodore Flournoy, der 1900 unter dem Titel *Von Indien zum Planeten Mars* seine Untersuchungen über das Medium Hélène Smith herausgebracht hatte. Dieses über vierhundert Seiten starke Buch ist keine medizinische Fallgeschichte mehr, sondern ein phantastischer Roman, vom Medium produziert und von Flournoy als Ko-Autor aufgeschrieben.

Nur selten benutzen diese Gelehrten den spiritistisch besetzten Begriff des Mediums, sie sprechen von Automatismus und verbinden damit eine Theorie des «subliminalen Ichs». Dieses Ich ähnelt dem Freudschen Unbewußten, ist aber zugleich gehaltvoller, authentischer; kein Rebus, der sich dem Verstehen entzieht, vielmehr eine Sprache der Wahrheit, der absoluten Erkenntnis, über die jeder Mensch als verborgene geistige Entität verfügt. Zu Jungs «Persönlichkeit Nr. 2» gehören diese Vorstellungen ebenso wie zu den von ihm konzipierten «kollektiven Unbewußten» oder zur Theorie der «Archetypen». So kehrt das subliminale Ich als archetypischer Schatten wieder, mit dem Jung die ungeliebte, nicht beherrschbare Seite der Seele bezeichnet: «Eine dunkle Ahnung sagt uns, daß wir ja nicht ganz sind ohne dieses Negative, daß wir einen Körper haben, der wie der Körper überhaupt, unweigerlich einen Schatten wirft.»

Der gesamte sogenannte Individuationsprozeß – so wie ihn Jung versteht – vollzieht sich als eine Vereinigung von Gegensätzen, hin zu einer Ganzheit der Persönlichkeit, in der Bewußtes und Unbewußtes auf das Weltganze bezogen sind. An seiner eigenen Entwicklung hat er diesen Mechanismus verdeutlicht, und seine Entscheidung, die psychiatrische Laufbahn einzuschlagen, wird so zum Wendepunkt seines Lebens. Als Jung 1895 an den spiritistischen Sitzungen teilnimmt, hatte er sich gerade an der Universität Basel für das Medizinstudium eingeschrieben. Noch um die Zeit des ersten Staatsexamens schwankt er zunächst zwischen einer Spezialisierung in Chirurgie oder innerer Medizin. Dann aber fällt ihm das *Lehrbuch der Psychiatrie* von Richard von Krafft-Ebing auf. Die Psychiatrie interessierte ihn bis dahin nicht besonders: «Vorlesungen und Klinik hatten bei mir nicht den geringsten Eindruck hinterlassen.» Jetzt liest er jedoch in der Vorrede des Lehrbuchs vom «subjektiven Gepräge», von den Psychosen als «Krankheiten der Person», und in diesem Augenblick, erinnert sich Jung, «befiel mich plötzlich ein heftiges Herzklopfen. Ich mußte aufstehen und Atem schöpfen. Ich fühlte mich in stärkster Erregung, denn es war mir wie durch eine blitzartige Erleuchtung klar geworden, daß es für mich kein anderes Ziel geben konnte als Psychiatrie.» Jung hat in seiner Psychologie eine solche Erleuchtung als «Vereinigung psychischer Gegensatzpaare» beschrieben, dabei wird das Innerpsychische als ebenso wirksam und wahr erfahren «wie die Welt der äußeren Realität». In den *Erinnerungen* heißt es: «Es war, wie wenn zwei Ströme sich vereinigt hätten und in einer großen Bewegung mich unwiderruflich zu fernen Zielen führten.»

Die Psychiatrie – und das ist für Jung entscheidend – fordert und ermöglicht die «Ganzheit» des «So-Seins» und die «Ganzheit» der «eigenen Persönlichkeit», gerade weil sie die kranken Anteile erfaßt. Jung verbindet mit dieser allumfassenden Einheit die Hoffnung auf Spannungsausgleich. Wie begründet diese Hoffnung war, zeigt sich wenig später beim Abschluß des Studiums: «Es war das hochgemute Gefühl ‹geeinter Zwienatur›, das mich wie auf magischer Woge durchs Examen trug, das ich als Bester bestand.» Und dieses Gefühl scheint ihn auch bei der Entscheidung für das Burghölzli nicht verlassen zu haben, denn ein besseres Sprungbrett für eine Karriere als Psychiater hätte er kaum wählen können. «Unter diesen Voraussetzungen begann meine psychiatrische Laufbahn, mein subjektives Experiment, aus dem mein objektives Leben hervorging.»

Ein «Weltkloster»

Das Burghölzli liegt etwas außerhalb der Stadt Zürich, mitten in einem Park, hoch oben über dem Zürichsee, mit Blick auf Voralpen und Alpen. Die südwärts gerichtete Hauptfront zeigt ein langgestrecktes imposantes Gebäude. Als man im Oktober 1866 Richtfest feierte, stand der Schriftsteller Gottfried Keller – damals im Amt des ersten Staatsschreibers – auf den Dachsparren und trug ein selbstverfaßtes Gedicht vor. Die Schweizer waren stolz auf diesen Bau. Reformen im Anstaltswesen waren überfällig; die Erneuerungsbewegung der Psychiatrie, um 1800 von Philippe Pinel angeregt, hatte hier kaum Spuren hinterlassen. Nun aber setzte man sich mit einem Schlag an die Spitze der Reformbewegung und schuf mit dem Burghölzli eine der modernsten Anstalten.

Der fortschrittliche Gedanke der Psychotherapie lenkte schon die architektonische Planung; die Patienten konnten jetzt je nach Art und Schwere ihrer Krankheit untergebracht werden. Ursprünglich bestand der Bau aus einem Ostflügel für Männer, einem Westflügel für Frauen und einem Mitteltrakt für Verwaltung, ärztliche und wissenschaftliche Einrichtungen und die Gemeinschaftsräume. Frauen- und Männerseite waren noch einmal untergliedert, in ein Gebäude für ruhige, halbruhige und unruhige Kranke. Im ersten Stock des Mitteltraktes wohnte der Direktor, im zweiten die Ärzte, und auch das Pflegepersonal war in der Anstalt untergebracht. Jung spricht in seinen *Erinnerungen* davon, daß er sich wie in einem «Weltkloster» gefühlt habe, als er im Dezember 1900 als Assistenzarzt in die psychiatrische Klinik eintrat. «Mit der Arbeit im Burghölzli begann mein Leben in einer ungeteilten Wirklichkeit, ganz nur Absicht, Bewußtheit, Pflicht und Verantwortung.»

Seit den Zeiten Auguste Forels herrschte hier eine asketische Gesinnung: ein strenges Arbeitspensum, von den frühen Morgen- bis in die späten Abendstunden, gehörte ebenso selbstverständlich dazu wie eine völlige Abstinenz von allen alkoholischen Getränken. Mit Forel vollzog die wissenschaftliche Forschung im Burghölzli die Wende von der Hirnanatomie zur Psychopathologie. Hirnanatomisch galten Geistesstörungen als physiologische Krankheiten, die sich nicht beeinflussen und therapieren, sondern nur ruhigstellen und pflegen lassen. Auch Forel richtete sich im Burghölzli zunächst noch ein hirnanatomisches Labor ein, während der 1880er Jahre gab er aber seine Experimente auf, führte die Hypnosebehandlung ein, intensivierte die Arbeitstherapie und setzte die Abstinenz zur Heilung von Alkoholkranken durch.

Forels Schüler Bleuler entwickelte als Direktor diese Ideen und therapeutischen Konzepte weiter. Ihn interessierte die neue dynamische Psychiatrie, die Arbeiten von Pierre Janet und Sigmund Freud. Janet, französischer Philosophieprofessor und Psychiater, arbeitet zur selben Zeit an ganz ähnlichen Fragestellungen wie Freud. Beide sind jahrelang Rivalen, mit dem Unterschied jedoch, daß Janet schon berühmt und eine anerkannte akademische Größe ist, als Freud noch ein unbekannter Arzt und Privatdozent war.

Bezeichnenderweise machte sich Bleuler aus solchen Rangunterschieden nichts. Für ihn zählten wissenschaftliche Argumente und intellektuelle Redlichkeit. Er lehnte alle Äußerlichkeiten ab, sah nicht auf akademische Titel und verachtete das Streben nach Priorität und Einfluß. Von schmächtiger Statur, zurückhaltend, fast scheu im Auftreten, wirkte er äußerlich eher unscheinbar – einzig seine Augen konnten lebhaft blitzen. In seinen Lebenserinnerungen schreibt Forel über seinen Nachfolger: «Er arbeitete so riesig, daß er nicht mehr schlief. Er erklärte mir sogar, der Schlaf sei eine schlechte Gewohnheit.» Mehrmals am Tag suchte er seine Patienten auf und verlangte das auch von seinen Mitarbeitern. Befehle, Ansprachen und Zurechtweisungen waren ihm verhaßt, gleichwohl ließ er sich von niemandem das Heft aus der Hand nehmen. Er war ein Autokrat, aber unter der Maske eines Gentlemans. Wer allein nach dem Äußeren urteilte, konnte sich leicht in ihm täuschen.

Auch als Wissenschaftler war er kein Mann der lauten Töne, kein kühner Überflieger. Sein berühmtes, erst 1911 erschienenes Buch über Schizophrenie ging auf klinische Beobachtungen zurück, die er Ende der 1880er Jahre als medizinischer Leiter der Heilanstalt Rheinau begonnen hatte und dann im Burghölzli fortsetzte. Bleuler versuchte – ganz ähnlich wie Freud und Janet zu dieser Zeit – Aussagen und Verhaltensweisen von psychisch Kranken zu verstehen, die man vorher als völlig sinnlos abgetan hatte. Es waren Fälle von schweren psychischen Schädigungen, die als Dementia praecox bezeichnet wurden. Ursprünglich nannte man so alle Geistesstörungen, bei denen sich ein rascher psychischer Verfall zeigt. So allgemein diese Bezeichnung war, so mannigfaltig waren die Symptome. In dieses Chaos brachte Bleuler Ordnung; er fand ein einheitliches Symptombild und nannte es Schizophrenie. Der Begriff wurde im Burghölzli anfänglich sehr weit gefaßt, so daß von den 400 Patienten die Hälfte zur Gruppe der Schizophrenen gehörte. Daneben behandelte man vor allem Alkoholiker, gestörte Persönlichkeiten und Alterskranke. Fälle von Hysterie dagegen wurden im Burghölzli äußerst selten diagnostiziert.

Sabina Spielrein gehörte zu den Ausnahmen, sie war ein besonderer Fall, nicht nur wegen ihrer Diagnose, sondern auch wegen ihrer Abstammung, ihrem Glauben, ihrer sozialen Herkunft und ihrer Bildung. Unter den Patienten im Burghölzli gab es 1904 gerade mal fünf Russen; nicht viel höher

Wie in einem «Weltkloster» fühlte sich C. G. Jung hinter diesen Mauern. Die Katonale Heilanstalt und Psychiatrische Universitätsklinik Burghölzli um die Jahrhundertwende.

Der damalige Direktor, Professor Eugen Bleuler, bewohnte den ersten Stock des Mitteltraktes, sein Assistent, C. G. Jung, die rechte Hälfte des darüberliegenden zweiten Stockes.

war die Anzahl der Juden, die um diese Zeit in der Anstalt lebten. Und anders als Sabina Spielrein kam die Mehrzahl der Patienten aus den unteren sozialen Schichten und wurde entsprechend behandelt.

Anfangs gab es in der Heilanstalt verschiedene Verpflegungsklassen, eine allgemeine, eine halbprivate und eine private Abteilung. Ein Drittel des Raumes war ursprünglich für Privatpatienten reserviert. Mit dem raschen Bevölkerungswachstum im Kanton Zürich um 1900 stiegen die Patientenzahlen aber so sprunghaft an, daß die aufwendige Betreuung und Unterbringung von Privatpatienten zum Problem wurde. Wer es sich leisten konnte, wurde jetzt in ein Sanatorium überwiesen oder ging gleich dorthin.

Die stationäre Aufnahme und Behandlung von Sabina Spielrein war unter diesen Bedingungen eher ungewöhnlich. Und im Kreis der zumeist älteren und ungebildeten Patienten nimmt sich die junge Russin mit Gymnasialabschluß geradezu exotisch aus. Allem Anschein nach waren es jedoch diese Besonderheiten, weshalb sich Jung für den Fall interessierte.

Kurz bevor er ihn übernahm, hatte er eine kleine Arbeit Freuds über die *psychoanalytische Methode* gelesen, eben jene Arbeit, die Bleuler in der *Münchner medizinischen Wochenschrift* vom April 1904 rezensierte. In diesem Text gibt Freud nicht nur knappe Hinweise zu seinem therapeutischen Verfahren, er grenzt auch den Kreis der Personen ein, die erfolgreich mit der Psychoanalyse behandelbar sind. Voraussetzung für die Kur ist «ein gewisses Maß natürlicher Intelligenz und ethischer Entwicklung (...); bei wertlosen Personen», so Freud, «läßt den Arzt bald das Interesse im Stiche, welches ihn zur Vertiefung in das Seelenleben des Kranken befähigt.» Ferner muß die körperliche und seelische Verfassung des Patienten geeignet sein: «Züge von wirklich degenerativer Konstitution äußern sich bei der Kur als Quelle von kaum zu überwindenden Widerständen.»

Auch das Lebensalter spielt eine wichtige Rolle: «eine Altersstufe in der Nähe des fünften Dezeniums schafft ungünstige Bedingungen für die Psychoanalyse. Die Masse des psychischen Materials ist dann nicht mehr zu bewältigen, die zur Herstellung erforderliche Zeit wird zu lang, und die Fähigkeit, psychische Vorgänge rückgängig zu machen, beginnt zu erlahmen.» Auf die Mehrzahl der Patienten im Burghölzli war die Psychoanalyse im derzeitigen Stadium also gar nicht anwendbar. Sabina Spielrein erfüllte jedoch diese Voraussetzungen in idealer Weise.

Jung hatte nach einem solchen Fall gesucht. Er wollte das Freudsche Verfahren in eigener Regie testen. Dahinter steckte nicht nur reine Neugier. Er war vielmehr mit seinen eigenen Forschungen an einem Punkt angelangt, an dem sich, zu seiner Überraschung, immer mehr Übereinstimmungen mit den Theorien Freuds zeigten. Zusammen mit seinem Kollegen Franz Riklin hatte ihn Bleuler mit einer Reihe von Assoziationsexperimenten betraut. Sie sollten Gedankenverbindungen von normalen und psychisch kranken Menschen vergleichen und Abweichungen ermitteln. Bleuler wollte auf diese Weise Störungen lokalisieren, die bei Patienten mit Dementia praecox zu ungewöhnlichen Gedankenassoziationen führen. Der Ablauf des Experiments ist relativ einfach: Einer Versuchsperson werden aus einer Liste sogenannte Reizwörter vorgelesen, auf die sie, ohne langes Überlegen, möglichst spontan mit einem Wort oder einer Wendung antworten muß. Die Reaktionszeiten werden mit einer Stoppuhr gemessen, und zum Abschluß wird die Versuchsperson zu den Reaktionen befragt. Das Experiment war keine Schweizer Erfindung: Der deutsche Psychiater Emil Kraepelin arbeitete schon eine ganze Weile damit, und vor ihm auch Wilhelm Wundt und Theodor Ziehen.

Zunächst bewegten sich Jung und Riklin ganz in dieser Tradition; sie testeten von 1902 an täglich Versuchspersonen und trugen eine Menge statistischen Materials zusammen.

Auf dieser Grundlage erstellten sie ein Profil von typischen assoziativen Reaktionen, als Muster, um festzustellen, ob die Patienten normal reagieren oder gestört waren. Solche Störungen traten offenbar immer dann ein, wenn dem Probanden das Reizwort unangenehm war und eine bestimmte Vorstellung oder ein bestimmter «Komplex» berührt wurde. Unter Komplexen verstanden die Ärzte psychische Gebilde, «die sich der Kontrolle des Bewußtseins entzogen haben» und das Reaktionsverhalten auf ganz unterschiedliche Weise beeinflussen können. Neben Komplexen, die zu Erkrankungen führen, gibt es eine Vielzahl von völlig normalen Komplexen, die anfänglich auch im Mittelpunkt der Untersuchungen standen. Bei Frauen, meinen Jung und Riklin, gehe es meist um Kinder, Ehe und Familie, bei Männern um Geld, beruflichen Erfolg und Ehrgeiz. Reizwörter aus diesen Bereichen verlängern bei den Versuchspersonen die Reaktionszeiten. Der Aussagewert der Tests war also nicht gerade berauschend. Dann jedoch führten Jung und Riklin eine neue Variable in die Versuchsanordnung ein, die sogenannte «innere Ablenkung». Sie wurde schon bald zum entscheidenden Faktor. Hinter vielen Gedanken, so stellen Jung und Riklin in ihrer Arbeit *Experimentelle Untersuchungen über die Assoziation Gesunder* aus dem Jahre 1904 fest, verbergen sich «gefühlsbetonte Vorstellungskomplexe», die aber «verdrängt» seien. Im Experiment würden solche «verdrängten Komplexe» durch längere Reaktionszeiten, ungewöhnliche Antworten oder auch durch Wiederholung von Antworten sichtbar. Als Fazit könne gelten: «... die Mehrzahl der Komplexe, die sich bis jetzt in den Assoziationsversuchen geltend machten, beziehen sich auf die direkte oder transponierte Sexualität.» Damit waren Jung und Riklin gewissermaßen bei Freud angekommen. Durch ihre Laborexperimente konnten sie jetzt die Entdeckungen Freuds bestätigen. Ebenso wichtig aber war: Sie hatten mit den Assoziationsversuchen einen eigenen Weg zum Unbewußten gefunden, eine Methode, mit der man, wie sie meinten, bei ganz unterschiedlichen Patienten, in kurzer Zeit verdrängte Komplexe aufspüren und experimentell erforschen könne. In seiner Arbeit über die «psychoanalytische Methode» mußte Freud eingestehen, daß das von ihm entwickelte Verfahren «lange Zeiträume» beansprucht: «ein halbes Jahr bis drei Jahre» seien für eine «wirksame Behandlung» zu veranschlagen. Freud und seine Wiener Klientel, die aus den besseren Kreisen kam, konnten mit diesen Zeit- und also auch Geldvorstellungen leben; für einen Psychiater aus dem Burghölzli, der es mit Hunderten von Patienten zu tun hatte, war das völlig undenkbar. Wollte man die Psychoanalyse in einer Klinik einsetzen, mußte man andere Wege gehen als Freud. Mit dem Assoziationsexperiment glaubte man nun einen Schlüssel gefunden zu haben, der – ohne langwierige Sitzungen und Gespräche – einen direkten Zugang zum Verdrängten ermöglicht.

Fasziniert von den Versuchen, erprobte Jung die Methode außer an seinen Patienten auch an Kollegen und an sich selbst. Unter der Rubrik «gebildete Männer» findet sich in der erwähnten Veröffentlichung ein junger, intelligenter Arzt, der, wie es heißt, «noch nicht ganz über die Zeit innerer Kämpfe hinausgelangt war und dem, da er streng christlich erzogen war, die Neigung zu einer Israelitin viel zu schaffen machte.» Diese Versuchsperson wird besonders ausführlich getestet und produziert dabei eine Reihe von bemerkenswerten Assoziationen: Auf «Hochzeit» antwortet sie ohne Umschweife «Unglück», auf «küssen» – «nie», auf «Liebe» – «ist unnütz», auf «müssen» – «kein Mensch muß müssen», auf «scheiden» – «tut weh» ... So geht das bis zum Schluß der Assoziationstests weiter. Dann folgt eine Erörterung der «inneren Ablenkung». Ohne auf Einzelheiten einzugehen, heißt es unter anderem, die Versuchsperson habe im Zeitraum der Tests «besondere Gefühle einer jungen Dame gegenüber» gehabt, Gefühle, die zumindest teilweise unbewußt waren und erst durch die Antworten aufgespürt werden konnten.

In diesem, wie auch in anderen Fällen, zeigt sich, daß der zweite Teil des Experiments, das Erforschen verdrängter Komplexe, einen immer größeren Raum einnahm und zu einer selbstständigen Angelegenheit wurde. Die Störungen ließen sich anhand der Antworten relativ leicht identifizieren, und es wurde schon bald zur Routine; die nähere Bestimmung und Beschreibung erwies sich aber besonders bei psychisch kranken Menschen als die eigentlich anspruchsvolle Aufgabe. Jung beschäftigte sich vor allem mit diesem Teil des Verfahrens, er befragte die Patienten nach inneren Vorgängen und Gefühlen, forschte nach Gründen, erörterte die Lebensgeschichte. Das alles aber erforderte ein Gegenüber, das sich mit einer gewissen Kompetenz artikulieren und seine Selbstbeobachtungen darstellen konnte. Bei Jungs Patienten aus dem Burghölzli waren diese Voraussetzungen nicht so ohne weiteres gegeben, das meinten auch einige Kritiker der Methode. Jung mußte ihnen gestehen, daß sein Verfahren «schwierig und gefährlich» und nur mit einer «Reihe von psychopathologischen Kenntnissen» zu meistern sei. Was das für Kenntnisse waren – er hielt damit nicht hinter dem Berg, sondern bekannte ganz offen: «die Prinzipien der genialen Psychoanalyse Sigmund Freuds».

In stationärer Behandlung

Nicht alle Kollegen im Burghölzli beurteilten Freuds Psychoanalyse so emphatisch wie C. G. Jung. So riet Bleuler, der seinen Assistenten auf die Spur gesetzt hatte und immer wieder seine Sympathie gegenüber Freud bekundete, doch auch zur Vorsicht: man müsse das Verfahren erst noch genauer prüfen und dürfe sich nicht übereilt zu einer Sache bekennen, die methodisch noch nicht ausgereift sei. Auch gingen ihm manche Annahmen viel zu weit; vor allem hielt er die starke Betonung der Sexualität in der Freudschen Psychoanalyse für überzogen. In diesem Punkt war sich auch Jung nicht ganz sicher. Zwar hatte er die Bedeutung der Sexualität selbst erkannt, in jedem seiner Experimente war sie zum Vorschein gekommen, aber es schien ihm taktisch unklug, das Sexuelle derart in den Vordergrund zu stellen wie Freud. Mit seinem Chef kam es in dieser Zeit immer wieder zu lebhaften Diskussionen; schließlich war Bleuler bereit, das Vorhandensein «Freudscher Mechanismen», wie er es nannte, im eigenen Klinikbetrieb zu erforschen und sich überzeugen zu lassen. Im September 1904 gab er Jung die Erlaubnis, im Fall Spielrein die Probe aufs Exempel zu machen.

Unter den Ärzten im Burghölzli schien der knapp dreißigjährige Jung die besten Voraussetzungen dafür mitzubringen. Wie kein anderer hatte er sich mit der Psychoanalyse beschäftigt, und seine gerade veröffentlichten Arbeiten über das Assoziationsexperiment wurden in der Fachwelt, trotz vereinzelter Kritik, meist lobend erwähnt. Kurz vor seiner Ernennung zum Oberarzt befand er sich nun an vorderster Front in der Ärzteschaft der Klinik. Und nicht nur beruflich hatte er seinen Weg gefunden, auch privat lebte er in gesicherten und glücklichen Verhältnissen. Im Februar 1903, also achtundzwanzigjährig, hatte er Emma Rauschenbach, die zwanzigjährige Tochter eines wohlhabenden Fabrikanten aus Schaffhausen geheiratet. Damit erfüllte sich ein langgehegter Traum. Das erste Mal hatte er Emma als vierzehnjähriges Mädchen gesehen –: «nur einen kurzen Augenblick», wie er in seinen *Erinnerungen* beteuert; aber sofort weiß er «mit absoluter Sicherheit», daß dieses Mädchen seine Frau werden würde. Nach seiner Promotion wirbt Jung um Emma Rauschenbach. Zwar fühlt sich die Umworbene anfangs durchaus nicht beeindruckt, weder von der beruflichen Position noch von dem Auftreten des Assistenzarztes, und Jung bekommt zunächst einen Korb. Er läßt aber nicht locker und wagt schließlich einen zweiten Anlauf, mit dem er Glück hat.

Nach der Heirat beziehen die Eheleute eine Wohnung im zweiten Stock des Mitteltraktes der Klinik. Jung bleibt also im Haus, so wie es das Burghölzli-Reglement vorsieht. Gleichwohl ändert sich sein Leben. Mit der Heirat war er den dürftigen materiellen Verhältnissen, die ihn seit frühester Kindheit bedrückten, endlich entkommen. Von nun an wird Jung einen repräsentativen Lebensstil pflegen. Wie das auszusehen hatte, davon verstand Frau Emma einiges. Und nach kurzer Zeit war aus dem Menschen, der ihr zuerst wie ein «hergelaufener Ideologe» erschien, ein gutgekleideter, sehr nobel aussehender Mann geworden. Jung genoß die Behaglichkeit des Ehelebens und entwickelte in dieser Zeit einen ausgesprochenen Familiensinn. Denn zur Stabilität des Glücks – er hat es später immer wieder betont – gehören Kinder, vor allem für die Frau seien sie unverzichtbar. Im Dezember 1904 kommt als erstes von fünf Kindern die Tochter Agathe zur Welt.

Sabina Spielrein sitzt im August 1904 also einem Arzt gegenüber, der fest im Leben verankert scheint und kraft seiner Persönlichkeit fasziniert. Bei einer Therapie, in der so viel von der «persönlichen Geltung des Arztes» (Freud) abhängt, ist das eine wichtige Voraussetzung.

Und Sabina Spielrein? Wie sah sie aus, wie fühlte sie sich? Wir wissen nicht viel davon. Zu Beginn der Behandlung, schreibt sie später, «da war ich noch ganz Baby von 19 Jahren, ging ganz einfach gekleidet mit einem hängenden Zopf herum, da ich die Seele über den Leib erhöhen wollte». Sie hielt sich in dieser Zeit «für häßlich», und wenn jemand sie ansah, wurde sie «äußerst verlegen». Das mangelnde äußere Selbstwertgefühl hat sie auch später nicht verloren; immer wieder kommen ihr Zweifel an ihrer Attraktivität, die sie nur mit Mühe beruhigen kann. «Habe ich auch ein ganz gewöhnliches Gesicht, so kann ich doch gefallen. Was kann es denn schöneres geben, wie ein gesundes junges Mädchen, wenn es ‹mädchenhaft› ist?» schreibt sie 1909 in ihr Tagebuch. So unsicher sie sich äußerlich fühlt, so schwankend und wechselvoll erlebt sie sich auch innerlich.

Über Jungs therapeutische Bemühungen im Fall Spielrein liegen zwar keine konkreten Aufzeichnungen vor, es gibt aber eine Reihe von Informationen und Hinweisen, durch die der ungefähre Ablauf rekonstruierbar wird. Bekannt ist zunächst der Zeitraum ihrer stationären Unterbringung im Burghölzli: 17. August 1904 bis 1. Juni 1905. Spielreins Symptome scheinen schon sehr früh abgeklungen zu sein. Der spätere Freud-Schüler Karl Abraham, der im Dezember 1904 eine Assistentenstelle im Burghölzli antritt, erinnert sich, daß Jung in den zurückliegenden Wochen eine Hysterie analysiert habe. Abraham hält den Fall zu diesem Zeitpunkt schon für abgeschlossen. Das war er – wie sich zeigen wird – keineswegs. Die meisten Ärzte glaubten, Jung habe die Hysterie erfolgreich behandelt. Ein kleines Wunder! – wenn man bedenkt, was Jung drei Jahre später von der Anamnese des Falles zu berichten weiß. Ein Wunder aber auch gemessen an dem, was Freud an Zeit- und Kraftaufwand für eine Analyse veranschlagt. Und doch scheint eines festzustehen: Sabina Spielrein ging es schon nach wenigen Wochen sehr viel besser, ihre akute Krise hatte sie überwunden. Sie ist soweit wiederhergestellt, daß ihr Jung Bücher aus seiner Bibliothek zu lesen gibt, unter anderem seine Dissertation über den Fall der Helene Preiswerk. Sabina Spielrein hat später von den vielen Merkwürdigkeiten und Parallelen gesprochen, die ihr gleich bei der ersten Lektüre aufgefallen sind: «Dieses Mädchen steckte tief in ihm [Jung], und sie war mein Prototyp.»

Wie ist dieser schnelle therapeutische Erfolg zu erklären? Positiv wirkte möglicherweise eine Maßnahme Jungs, die aus heutiger Sicht eher befremdet, die stationäre Unterbringung. Dafür gab es aber gute Gründe. Die Familie mit ihrer festgefügten Rollenverteilung erschien um 1900 mehr und mehr als negativer Einflußfaktor bei der Behandlung hysterischer und neurasthenischer Leiden. Viele Ärzte plädierten deshalb für eine zeitweilige Trennung von den Angehörigen. Die Einweisung war darum nicht einfach ein Zwangsmittel, sie konnte zur Rettung werden; Rettung vor dem Zugriff der Familie mit ihren Ansprüchen und Erwartungen. Sabina Spielrein – das zeigen viele Eintragungen in ihrem Tagebuch – wollte sich von ihrer Familie isolieren, und das Burghölzli bot ihr dazu die Möglichkeit. Jung hatte es mit einer Patientin zu tun, die sich in der Anstalt nicht unwohl fühlte und sich allem Anschein nach aufgeschlossen zeigte gegenüber der Behandlung. Eine wichtige Voraussetzung für die Erforschung der persönlichen Geschichte, um die es Jung vor allem ging: «Sie ist das Geheimnis des Patienten, an dem er zerbrochen ist. Zugleich enthält sie den Schlüssel zu seiner Behandlung. Der Arzt muß nur wissen, wie er sie erfährt. Er muß die Fragen stellen, die den ganzen Menschen treffen und nicht nur sein Symptom.» Die Strategie des Zugangs ist vom Patienten ahbängig. Meist wählte Jung zunächst das Assoziationsexperiment; es bot Halt und Orientierung: «Die Assoziationen haben mir eigentlich als feste Wegweiser gedient durch das Gewirre beweglicher Phantasmen, welche von Schritt zu Schritt die Analyse auf Irrwege zu lenken versuchten.» Bei der Anwendung des ganz anderen Freudschen Verfahrens, also der völlig freien Assoziation im Gespräch, fühlt sich Jung lange unsicher. Noch zwei Jahre später, 1906, bemerkt er resigniert: «Die Freudsche Psychoanalyse ist trotz der vielen wertvollen Erfahrungen, die uns ihr Autor vermittelt hat, noch eine recht schwierige Kunst, da jeder Anfänger gegenüber zahllosen Hindernissen rasch Mut und Orientierung verliert.» Jung wünschte sich im Grunde ein festes Regelwerk, eine genaue Darstellung der Methode einschließlich der Deutungs- und Übersetzungstechnik. Tatsächlich wollte Freud anfangs ein solches Werk verfassen. Noch 1910 kündigte er in einem Vortrag an: «Ich werde mich bemühen, alle diese für das Verständnis der Kur wichtigen Verhältnisse demnächst in einer *Allgemeinen Methodik der Psychoanalyse* zu behandeln.» Ein Werk, das dann nie erschienen ist und das Freud nur hätte schreiben können, wenn er aus der Psychoanalyse ein System hätte machen wollen. Aber dagegen sträubte er sich immer wieder, und so beließ er es zeitlebens bei «Bemerkungen» und «Ratschlägen». Der erwähnte Aufsatz von 1904 über «Die Freudsche psychoanalytische Methode» verschweigt mehr als er beantwortet. Regeln zur Behandlungstechnik und zur Deutungsarbeit konnte Jung diesem Text kaum entnehmen. Relativ ausführlich geht Freud dagegen auf das äußere Arrangement der Analyse ein: Die Kranken, heißt es, hätten «eine bequeme Rückenlage auf einem Ruhebett» einzunehmen, während der Analytiker «ihrem Anblick entzogen, auf einem Stuhle hinter ihnen sitzt.» Bei der Behandlung sei «jede Berührung» zu vermeiden. «Eine solche Sitzung verläuft also wie ein Gespräch zwischen zwei gleich wachen Personen, von denen die eine sich jede Muskelanstrengung und jeden ablenkenden Sinneseindruck erspart, die sie in der Konzentration ihrer Aufmerksamkeit auf ihre eigene seelische Tätigkeit stören könnte.» Die nächste wichtige Anordnung in diesem Aufsatz betrifft die freie Assoziation: sie soll am Anfang stehen. Erst danach fordert man den Kranken auf, seine Geschichte detailliert zu erzählen. Dabei soll der Analytiker auf «Lücken der Erinnerung» achten, die für das Verdrängte stehen, das, gegen den Widerstand des Kranken, in der Analyse erinnert werden soll.

Es muß überraschen, daß Jung einerseits eine möglichst genaue methodische Anleitung wünscht, andererseits aber das ihm bekannte analytische Arrangement gleich bei den ersten Fällen, die er psychoanalytisch behandelt, beiseite schiebt und einen eigenen Rahmen für die Kur definiert. Jung läßt seine Patienten nicht in «bequemer Rückenlage» auf der Couch Platz nehmen, sondern auf einem Stuhl. Er selbst setzt sich wahlweise hinter den Patienten oder auch einfach ihm gegenüber. Ein «Dialog» sei die Analyse, bei dem Arzt und Patient «Aug in Aug» gegenübersitzen. Jung revidiert damit Freud in einem wichtigen Punkt; er stellt die alltägliche Gesprächssituation wieder her und hebt die Isolierungen, die Distanz zum Patienten auf, schafft also eine Nähe, die Freud mit seiner Anordnung gerade verhindern wollte. Das eigentümliche Tabu der Berührung und Blicke war ja auch bei Freud nicht die erste Regel, sondern entwickelte sich aus der Deutung der analytischen Situation als Übertragungsbeziehung. Und durchaus auch aus Mißtrauen gegen das eigene Unbewußte, gegenüber einer verführerisch-gefährdenden Nähe, verlangte Freud eine möglichst neutrale Position des Arztes.

Daß Jung nicht strikt dem Freudschen Reglement folgt, zeigt sich im Setting, aber auch im Ziel der Behandlung. Nachdem Jung einige Fälle von Hysterie analysiert hat, zieht er im Aufsatz «Assoziation, Traum und hysterisches Symptom» (1906) ein Resümee: «Eine zweckmäßige Behandlung der Hysterie muß (...) bestrebt sein, den normalen Ichrest zu stärken, was am besten dadurch geschieht, daß irgendein neuer Komplex eingeführt wird, der das Ich von der Herrschaft des Krankheitskomplexes loslöst.» Eine Hysterie heilen heißt also, einen Ausgleich zu finden für die Phantasien, die das Ich schwächen. Jung nennt die Phantasietätigkeit im Fall Spielrein «charakteristisch hysterisch» und beschreibt sie unter anderem als «abnorm» und «maßlos».

Mit der Rolle eines Beichtvaters, der seinen Patienten die «Gedankensünden» abnimmt und sie zum Aussprechen und «Abreagieren» nach der kathartischen Methode von Freud und Breuer bringt, wollte er sich nicht begnügen. Er suchte Einfluß auf die psychischen Kräfte. Nur mit einer «starken Energie», so Jung, könne das «Niederhalten der krankhaften Vorstellungen» gelingen: «Zwangsmenschen sind schwach, sie sind unfähig, ihre Vorstellungen im Zaum zu halten. Energiekuren wirken darum bei ihnen am besten.» Von einer solchen «Energiekur» hat sich Jung möglicherweise auch im Fall Spielrein die besten Resultate versprochen. Neben Stärkung und Aufbau ging es bei diesen Kuren vor allem um die Konfrontation mit der Realität: man muß «die Patienten mit einer gewissen Schonungslosigkeit» zwingen, «die ihrem Bewußtsein unerträglichen Vorstellungen hervorzuholen und bereit zu legen. Dadurch wird nicht nur die Energie auf eine harte Probe gestellt, sondern das Bewußtsein wird auch an die Existenz der ehemals verdrängten Vorstellungen gewöhnt.»

Im Fall Spielrein waren das für Jung die Schlage- und Masturbationsphantasien. Die Erforschung dieses Komplexes und die daran gehefteten verdrängten sexuellen Erinnerungen aus der frühesten Kindheit stellte er eine ganze Weile ins Zentrum der Analyse. So schreibt er 1906: «Eine junge Dame kann es nicht ertragen, daß ihr Mantel ausgeklopft wird. Diese auffallende Reaktion ist darauf zurückzuführen, daß sie masochistische Veranlagung hat, die dadurch entstanden ist, daß ihr Vater sie in der Kindheit häufig a posteriori gezüchtigt hat, wodurch sexuelle Reizzustände ausgelöst wurden.» Die junge Dame muß auf alles, «was nur ganz entfernt wie Züchtigung aussieht, mit einer förmlichen Wut reagieren, die rasch in sexuelle Erregung und Masturbation übergeht. Als ich ihr einmal bei einem ziemlich indifferenten Anlaß sagte ‹Sie müssen eben gehorchen›, geriet sie in eine starke sexuelle Erregung.»

Die verdrängten sexuellen Erinnerungen, die Spielrein offenbar in der Analyse hervorbrachte, faszinierten Jung so, daß er übersah, wie unklare Vorstellungen seine Patientin über sexuelle Vorgänge besaß. In ihrem Aufsatz «Beiträge zur Kenntnis der kindlichen Seele» schreibt Spielrein viel später, daß sie lange Zeit «eine gewisse Scheu» vor dem Wissen über Sexualität hatte: «So kam es, daß ich erst bei meinem Eintritt in die Universität aus den Vorlesungen über Zoologie von sexuellen Dingen was erfahren habe.»

Trotzdem steht für Jung offenbar ziemlich früh Spielreins masochistische Neigung fest. Ja, er sieht darin sogar einen gewissermaßen russischen Komplex, eine kulturelle Einstellung, von der er schließlich alles ableitet: die Schlagephantasien, die mit sexueller Lust verbunden sind und zugleich Abscheu und Verachtung auslösen.

Für Jung war damit der erste Schritt getan. Jetzt ging es vor allem darum, die «Fehlentwicklung des Individuums» zu korrigieren. «Umerziehung und Umwandlung der Persönlichkeit», darin sieht er das große Ziel der Analyse. Dazu sei es wichtig, den Patienten anfangs «so oft wie möglich» zu sehen, nur so könne der Arzt das Vertrauen gewinnen und Einfluß nehmen. Aus einer beiläufigen Bemerkung Anfang 1905 geht hervor, daß er zu diesem Zweck mit seiner Patientin auch Spaziergänge gemacht hat. Sie gingen bis zum Zürichhorn und dann am Ufer des Sees entlang bis zu den Landungsstellen am Utoquai. Jung förderte in dieser Phase die

Übertragung auf den Arzt, dadurch könne «dem Patienten», meint er, «eine Brücke geschlagen» werden, «über die er aus der Familie heraus an die Wirklichkeit gelangen kann, oder mit anderen Worten: aus dem infantilen Milieu in die Welt der Erwachsenen, indem der Arzt ihm einen Teil der außerfamiliären Welt repräsentiert».

In dieser Zeit – er hält sie schon fast für geheilt – eröffnet er Spielrein, daß er ihr «verschiedene Dinge im Laboratorium zeigen» will. Als angehende Medizinstudentin könne sie dort «an seiner Seite» arbeiten und praktische Erfahrungen sammeln. Der Arzt bereitet gerade eine neue Untersuchung vor. Es soll seine Habilitationsschrift werden. Durch die Mitarbeit der Patientin an den Experimenten wird der Kontakt enger, man verkehrt jetzt auf einer anderen Ebene, das Verhältnis Arzt und Patient verwandelt sich in eine Lehrer-Schüler-Beziehung. So jedenfalls empfindet es Sabina Spielrein in ihren Brieffragmenten aus dem Jahre 1909: «Er gab mir an seiner ersten Arbeit ‹Über das Verhalten der Reaktionszeit bei Assoziationen› zu arbeiten. Da gab es manches Gespräch, und er sagte mir: ‹Solche Köpfe bewegen die Wissenschaft vorwärts. Sie müssen Psychiater werden.›»

Im Rahmen der Arbeitstherapie war es durchaus üblich, Patienten im Burghölzli mit Aufgaben zu betrauen. Gleichwohl hatte das Projekt, zu dem Jung Sabina Spielrein heranzog, eine besondere Note. «Als Versuchsperson Nr. 1» wählte Jung nämlich seine eigene Frau aus, die in der Studie als «eine verheiratete Dame» vorgestellt wird, die sich «in entgegenkommendster Weise zur Verfügung gestellt und mir dabei alle nur wünschenswerte Auskunft erteilt hat». Der zentrale Komplex dieser Versuchsperson habe, so deutet Jung in seiner Untersuchung, mit ihrer Schwangerschaft zu tun und mit der «ängstlichen Erwartung», die Liebe ihres Gatten würde sich «abkühlen» und er könne in Zukunft das Interesse an ihr verlieren.

Emma Jung lebte schon ziemlich früh in der Furcht, daß

sie für ihren Mann nicht die einzige sei, und sie hat das auch – darüber später – offen ausgesprochen. Jung war mit der «ängstlichen Erwartung» seiner Frau bestens vertraut, seine Deutung ist darum wenig originell und läßt jedes Feingefühl vermissen, was sich im übrigen auch in der quasi öffentlichen Vorführung zeigt.

Sabina Spielrein, die mehrfach an solchen Experimenten teilgenommen hat, spricht in ihrer Dissertation angesichts der Versuchsanordnung von einem «Spießrutenlauf»: man wird «durch eine Reihe von Reizwörtern hindurchgejagt, wobei einem das eine oder andere einen tüchtigen Hieb versetzt, d. h. einen Komplex berührt». Das Experiment hatte disziplinierenden Charakter, denn schließlich sollte sich der Patient durch seine Antworten selbst verraten, dazu aber mußte zunächst sein Widerstand herabgesetzt werden.

Doch verrät Emma Jung etwas von ihren verborgenen Komplexen? Hatte sie überhaupt Komplexe? Allem Anschein nach sah sie zu diesem Zeitpunkt einfach genauer, was sich zwischen ihrem Mann und der jungen Patientin anbahnte. Die ‹erkaltete› Liebe, von der Emma Jung sprach, war eine sehr reale Befürchtung.

Wie sich Spielrein später erinnert, wurden gerade in dieser Zeit die Gespräche mit Jung vertraulicher. Sie tauschten sich aus über die Ehe im allgemeinen und über die Rolle der Frau im besonderen, sie kamen sich näher, entdeckten Gemeinsamkeiten. Die Gespräche müssen dann immer konkreter geworden sein, schließlich redet Jung auch über seine eigene Ehe, über seine Frau und darüber, «daß das Zusammenleben schwer ist». Seine Frau, sagt er zu Spielrein, sei «eine gewöhnliche Frau» und interessiere sich «dementsprechend nur für das, was ihren Mann interessiert». Sie dagegen sei «eine Ausnahme», und er lobt ein ums andere Mal ihr Streben nach geistiger Selbständigkeit.

Die Therapiestunden nahmen jetzt einen anderen Charakter an. Spielrein war sicher, daß Jung längst nicht mehr als

Arzt zu ihr sprach. Zur Gewißheit wurde für sie auch, daß Jung in einer unglücklichen Ehe lebte – er liebte seine Frau nicht. Und Emma Jung? Einmal träumt Spielrein von ihr, sie beklagt sich über ihren Mann, «er sei furchtbar despotisch und das Leben mit ihm sei schwer». Offenbar war auch sie unglücklich. «Man liebt einen Menschen», schreibt Spielrein später, «insofern, als man sich beziehungsweise das sich Ähnliche in ihm erblickt.» Und sie entdeckte in dieser Zeit immer mehr Ähnlichkeiten.

Therapeutisch war der Fall für Jung im April 1905 weitgehend abgeschlossen, zumindest aber auf einem sicheren Gleis. Sabina Spielrein soll jetzt ihren eigenen Weg gehen und sich noch in diesem Monat an der Universität Zürich einschreiben. Wie sie sich selbst dabei fühlte, hat sie einem kleinen Heft anvertraut, das man erst in den achtziger Jahren im Familienarchiv des Genfer Psychologen Edouard Claparède entdeckt hat. «Eigentlich unangenehm, eine neue Epoche seines Lebens zu zählen und sie in einem so dummen Zustand zu beginnen. Morgen also fängt das Studium in der Universität an», schreibt sie am 24. April 1905, «aber ich erwarte tödlich finster diesen glückseligen Moment. Der Kopf platzt vor Übelkeit und Schwäche. Ich glaube nicht an meine Kräfte, glaube überhaupt an nichts.» Sie hat Panik vor ihrem ersten Auftritt, ihrer Bewährungsprobe außerhalb der Anstalt. Aber sie möchte sich nichts anmerken lassen – jedenfalls nicht vor Jung. «Jung marschiert über den Korridor. Gleich kommt er herein: Ich muß das Heft verstecken, um nicht zu zeigen, was ich denke, obwohl – warum nicht zeigen? Der Teufel soll's wissen!»

Am nächsten Tag geht alles gut. Erleichterung, ja, ein wenig Triumph über die eigene Courage: «Teufel! Ich war in der Universität. So ein Berg von Eindrücken, daß ich überhaupt keine Geduld habe zum Beschreiben. Ausgezeichnet gefallen hat mir der Professor für Zoologie, Lange. Ich brannte vor Interesse, aber jetzt ist die Gegenwirkung eingetreten, und wieder ist es mir schwer!» Denn so sehr sie die Wissenschaft und das Studieren reizt, mit menschlichen Kontakten hat sie doch arge Bedenken: «Mit den Studenten werde ich nicht übereinkommen; das fühle ich. Ich bin für sie verschlossen; zu sehen sein wird nur die fröhliche, äußere Seite meiner Seele, versteckt allen die Tiefe selbst. Es ist irgendwie eine Unmöglichkeit, sich vor diesen Kindern zu öffnen. Ich fühle mich viel gründlicher, ernster, kritischer entwickelt, selbständiger ...»

Das Gefühl, nicht dazuzugehören, irgendwie anders, weiter zu sein, fremd zu wirken – in ihrem Leben spielen solche Empfindungen eine große Rolle; an diesem Tag war es natürlich auch eine Attitüde, die der eigenen Selbstbehauptung dient. Wie soll es weitergehen – wie wird es weitergehen? –:

«... leider weiß ich noch längst nicht, ob ich wissenschaftlich werde arbeiten können: erstens, ob es die Gesundheit erlaubt? Und das Wichtigste – werde ich so tüchtig sein? Indessen, ohne die Wissenschaft ist für mich das Leben völlig sinnlos. Was», fragt sie sich, «bleibt mir noch, wenn nicht die Wissenschaft? Heiraten?» Sie will sich entfalten, entwickeln, ihr schwebt eine ganz andere Liebe vor: «Ich möchte einen guten Freund, dem ich jeden Zug meiner Seele darlegen kann; ich will die Liebe eines älteren Menschen, damit er mich liebe wie die Eltern das Kind lieben und verstehen (geistige Verwandtschaft).» Das Bedürfnis nach Liebe und Aufmerksamkeit schlägt im Tagebuch immer wieder um in ein Gefühl der Minderwertigkeit, des Selbstzweifels: «Wenn ich doch so ein kluger Mensch wäre wie mein Jung! Teufel! Ich möchte schon wissen, ob aus mir was werden kann. Aber dumm ist auch, daß ich kein Mann bin: Ihnen gelingt alles leichter. Unverschämt ist noch, daß für sie das ganze Leben eingerichtet ist. Aber ich will keine Sklavin sein!»

So denkt sie am Tag der Immatrikulation, am 25. April

1905. Doch am Studieren hinderte sie noch eine bürokratische Hürde. Sie hatte als Adresse die psychiatrische Klinik Burghölzli angegeben. «Die erste Zeit, als ich noch nicht wußte, wie man die ‹Verrückten› betrachtet, habe ich es garnicht verheimlicht, daß ich Patientin im Burghölzli war.» Folglich verlangte man von ihr zunächst ein Attest über ihre geistige Gesundheit und den Nachweis eines Wohnsitzes außerhalb der Anstalt. Von Bleuler erhält sie diese Bescheinigung. Und am 1. Juni 1905 verläßt sie die Anstalt und zieht ins Plattenquartier, in eine der vielen Pensionen, die ihre Zimmer hauptsächlich an wohlhabende russische Studierende vermieten. Die ärmeren wohnen zwar ebenfalls im Quartier um den Zürichberg, aber zur Untermiete.

Jung kann diese Entwicklung seiner Patientin als Erfolg verbuchen und will sich nun auf eine ambulante Nachsorge mit zeitlich begrenzten Konsultationen beschränken. Es bleibt nicht Jungs einziger Erfolg in diesem Jahr: Im April wird er zum Oberarzt ernannt, und am 21. Oktober hält er seine Antrittsvorlesung als Privatdozent an der Universität Zürich zum Thema: «Die psychopathologische Bedeutung des Assoziationsexperimentes». Er geht dabei vor allem auf die typischen Komplexe der Frau ein: «Der Komplex der Frau ist in letzter Linie meist ein erotischer (ich gebrauche das Wort ‹erotisch› nicht im Sinne der Mediziner, sondern im edleren, literarischen). Es handelt sich immer um die Liebe, auch bei scheinbar sehr abstrakten Damen, bei letzteren sogar oft besonders intensiv, nach außen bloß negativ ausgedrückt. Keine wissenschaftlich denkende Dame wird mir das Bekenntnis dieser Tatsache verübeln.»

Eine solche sehr abstrakte Dame im Publikum verstand das nur zu gut. Sie wird von nun an Jungs Vorlesungen besuchen, wird von ihm über Hypnose, Assoziationsexperimente und vor allem auch über die Hysterie lernen.

«Es kämpfen da zwei Welten miteinander»

Am 12. Dezember 1904 hält Sigmund Freud vor der Wiener Ärzte-Gesellschaft einen Vortrag «Über Psychotherapie». Er habe, sagt er einleitend, seine Technik bisher noch nicht dergestalt präzisiert, daß interessierte Ärzte nach den vorhandenen Anweisungen «eine derartige Behandlung vollständig» durchzuführen vermöchten. Anscheinend aber, so Freud, seien solche Präzisierungen gar nicht nötig: «Ich schließe dies daraus, daß noch keiner von den vielen, die sich für meine Therapie interessieren und sichere Urteile über dieselbe von sich geben, mich je gefragt hat, wie ich es eigentlich mache. Das kann doch nur den einzigen Grund haben, daß sie meinen, es sei nichts zu fragen, es verstehe sich ganz von selbst.» Und dann folgt eine Bemerkung, augenscheinlich in Richtung Burghölzli: «Auch höre ich mitunter mit Erstaunen, daß auf dieser oder jener Abteilung eines Spitals ein junger Arzt von seinem Chef den Auftrag erhalten hat, bei einer Hysterischen eine ‹Psychoanalyse› zu unternehmen. Ich bin überzeugt, man würde ihm nicht einen exstirpierten Tumor zur Untersuchung überlassen, ohne sich vorher versichert zu haben, daß er mit der histologischen Technik vertraut ist.»

Seit September 1904 standen Jungs Chef Bleuler und Freud in brieflichem Kontakt. Da der Briefwechsel bislang nicht veröffentlicht ist, läßt sich nur vermuten, daß Bleuler auch über den Versuch berichtet hat, im Burghölzli eine Hysterie nach der Freudschen Methode zu behandeln. Seine Mitteilungen haben Freud aber offenbar derart alarmiert, daß er meint, öffentlich reagieren und warnen zu müssen. Eindringlich rät er in dem Vortrag allen, die sich mit der psychoanalytischen Technik vertraut machen wollen, sich an ihn selbst zu wenden. Das sei im Moment, wo noch kein geeignetes Grundlagenwerk zur Verfügung stünde, der einzige Weg, die Psychoanalyse zu lernen. Freud hatte damit gewissermaßen ein persönliches Copyright für die Therapie reklamiert. Wer mit dem Verfahren arbeiten will, soll zunächst in Wien anklopfen und sich Instruktionen holen.

Warum sich Jung nicht längst mit Freud in Verbindung gesetzt hatte, wo er sich doch schon seit Jahren für seine Psychologie begeisterte, ist eigentlich schwer verständlich. Denn in anderen Fällen meldete er sich sofort: Als Théodore Flournoy 1899 den Fall der Hélène Smith veröffentlichte, schrieb Jung umgehend nach Genf und bot sich sogar als Übersetzer des französischen Buches an. Von der Lektüre der Freudschen *Traumdeutung* war er ebenso begeistert, aber zu einer persönlichen Reaktion kam es trotzdem nicht. Später hat Jung dafür Erklärungen gesucht: «Am Anfang ist es mir nicht leicht gefallen, Freud den richtigen Platz in meinem Leben zu geben, oder mich richtig zu ihm einzustellen. Als ich mit seinem Werk bekannt wurde, lag eine akademische Laufbahn vor mir, und ich stand vor dem Abschluß einer Arbeit, die mich an der Universität vorwärts bringen sollte.» Doch sei Freud eben «in der akademischen Welt jener Zeit ausgesprochen persona non grata [gewesen], und die Beziehung zu ihm war daher jedem wissenschaftlichen Ruf abträglich». Als Jung dann immer mehr Übereinstimmungen zu Freuds Theorien feststellt, ist ihm das zunächst «keineswegs angenehm» und bringt ihn in eine Zwickmühle: «Einmal war ich in meinem Laboratorium mit diesen Fragen beschäftigt, als mir der Teufel einflüsterte, ich sei berechtigt, die Ergebnisse meiner Experimente und meine Schlußfolgerungen zu publizieren, ohne Freud zu erwähnen.» Schließlich sei er ja auf viele Dinge auch ganz selbständig gekommen und «lange ehe ich etwas von ihm verstand. Aber da hörte ich die Stimme meiner

Nachdem Jung den verehrten Meister in Wien gesehen hatte, war er mehr denn je von seiner Lehre überzeugt. Von der Persönlichkeit Freuds war er so überwältigt, daß er im September 1907 schließlich um eine Fotografie bittet. Freud schreibt ihm zurück: «Ich habe seit 15 Jahren keinem Photographen mit willen gesessen, weil ich so eitel bin, daß ich die körperliche Dekadenz schlecht vertrage. Vor zwei Jahren mußte ich mich für die Hygienische Ausstellung (verordnungsgemäß) photographieren lassen, verabscheue aber das Bild so sehr, daß ich nichts dafür tun will, daß es in Ihren Besitz gelange. Meine Buben haben etwa gleichzeitig ein Bild von mir gemacht, das ganz ungekünstelt und viel besser ist.»

zweiten Persönlichkeit: ‹Wenn du dergleichen tust, als ob du Freud nicht kenntest, so ist das ein Betrug. Man kann sein Leben nicht auf eine Lüge stellen.› – Damit», so Jung, «war der Fall erledigt. Von da an nahm ich offen für Freud Partei und kämpfte für ihn.»

Das war schön und gut, doch Anfang 1906 war sich Jung eben nicht sicher, ob Freuds Meinung die Wahrheit sei. Zumindest gegen Freuds Ansichten über die Rolle der Sexualität hatte Jung nach wie vor Vorbehalte. Das heißt, im Grunde war er auch in dieser Frage mit sich selbst uneins. Einerseits – und da war er sich mit seinem Chef durchaus einig – wollte er die Sexualität nicht im Zentrum sehen; andererseits hatte er die große Bedeutung der Sexualität erkannt und geriet immer stärker in den Bann dieses Themas. Das hatte auch ganz persönliche Gründe: Jung nahm seine eigene Sexualität als eine bedrohliche Kraft wahr, er lebte in der Furcht, sie könne außer Kontrolle geraten und ihn vernichten.

Das ganze Für und Wider, mit dem sich Jung herumschlug, zeigt ein Traum aus dem Frühjahr 1906. Eines Nachts träumt er von Pferden, die «an dicken Tauen in eine unbestimmte Höhe gehißt wurden». Dem Träumer fällt besonders ein «braunes, kräftiges Pferd» auf, «das in Riemen eingeschnürt war und wie ein Paket nach oben befördert wurde». Plötzlich reißt das Seil, und das Pferd fällt auf die Straße. Es scheint tot zu sein. Doch sogleich sprang es «wieder auf und galoppierte davon». Erst jetzt bemerkt der Träumer, daß das Pferd «einen schweren Baumstamm» hinter sich herzieht, und er wundert sich, daß es trotzdem so schnell vorwärts kommt. «Offenbar war es scheu und konnte leicht ein Unglück anrichten. Da kam ein Reiter auf einem kleinen Pferd und ritt langsam vor dem scheuen Pferd her, das dann auch seine Gangart mäßigte.» Der Träumer hat Angst, daß das Pferd «den Reiter überrennen» könnte. In diesem Moment kommt eine Droschke und fährt «im Schritt vor dem Reiter», dadurch wird «das scheue Pferd in ein noch ruhigeres Tempo» gebracht, «jetzt ist es gut», denkt der Träumer, «jetzt ist die Gefahr vorbei».

Jung verbindet diesen Traum mit seinen hochfahrenden beruflichen Ambitionen und seinem «sexuellen Ungestüm», von dem er fürchtet, daß es «ihn einmal zu Unüberlegtheiten hinreißen» könnte. Das «kräftige braune Pferd» sei der Träumer, der «in die Höhe kommen» wolle. Die «Höhe» identifiziert er mit einem «Wolkenkratzer», und der wiederum steht sinnbildlich für Amerika. Nach Amerika wollte Jung schon seit langem, von einer solchen Reise erhoffte er sich eine Förderung seiner beruflichen Karriere. Als seine Frau schwanger wurde, mußten die Reisepläne erneut verschoben werden. Trotzdem läßt sich das Pferd nicht zum Gipfel hinaufbefördern, von unbändiger Kraft, galoppiert es eigensinnig davon. Das Pferd symbolisiere, so Jung, den «stürmischen, impulsiven Drang, der ohne weiteres mit dem Geschlechtstrieb identisch ist». Zur Zügelung des «sexuellen Ungestüms» erscheint im Traum das Pferd mit dem kleinen Reiter, in dem Jung seine schwangere Frau erkennt, und die Droschke, in der, wie er sich im zweiten Anlauf erinnert, viele Kinder gesessen haben. Jung deutet sich den Traum so, daß ihn Ehe und Kinder «sexuelle Zurückhaltung» auferlegen und ihn dadurch vor einer «Gefahr» bewahren.

Jung hat Freud später gestanden, einiges Traummaterial und einige Traumgedanken unterdrückt zu haben. Die sexuelle Zurückhaltung ist «bloß eine zunächstliegende Vorschiebung, im Hintergrund ruht ein illegitimer Sexualwunsch, der besser das Tageslicht nicht erblickt». Wer immer das Objekt dieses Sexualwunsches gewesen sein mag, die Sexualität selbst erscheint in diesem Traum in alptraumhaften Zügen, sie steht außerhalb der Kontrolle des Ichs und kann jederzeit «ein Unglück anrichten». Der Träumer muß deshalb von allen Seiten gehalten, beruhigt werden.

Eine erste Fassung des Traums mit einer sexuellen Deutung legt Jung seinem Chef vor, der sie als «viel zu deutlich» ablehnt. Daraufhin schreibt Jung den Traum um, die Sache will ihm aber nicht gelingen, weshalb er schließlich seine Frau bittet, die Beschreibung zu verfassen. Die Umschriften, die der Traum erfährt, zeigen einiges von Jungs inneren Kämpfen vor der Kontaktaufnahme mit Freud. Jung veröffentlicht den Traum in seiner 1907 erschienenen Schrift *Über die Psychologie der Dementia praecox*.

So heftig die Fachwelt gegen Freuds Aufwertung der Sexualität protestierte – das Thema erlebte um diese Zeit eine rasante Konjunktur beim nichtspezialisierten Publikum. 1905 erschienen zwei Bücher, die gewissermaßen die beiden Pole der Diskussion bezeichneten: Der ehemalige Direktor des Burghölzli, Auguste Forel, veröffentlichte ein fast 600 Seiten starkes Buch über *Die sexuelle Frage*. «Eine naturwissenschaftliche, psychologische, hygienische und soziologische Studie für Gebildete», wie es im Untertitel heißt. *Die sexuelle Frage* wurde schnell zum Bestseller, in viele Sprachen übersetzt erschien das Buch in den folgenden Jahren in immer neuen, umgearbeiteten Auflagen. Der Zweck der sexuellen Funktion, so stellt Forel eingangs fest, ist die Erhaltung der Art; das Sexualleben habe sich diesem Zweck unterzuordnen. Forel versucht also klar zwischen den «gesunden» und den pathologischen Formen der Sexualität zu unterscheiden. Mit unberirrbarer Strenge betrachtet er alle Abweichungen im Geschlechtsleben des Menschen und plädiert im Interesse von Hygiene und Gattung für eine Reform des gegenwärtigen Sexuallebens.

Wenige Monate später erscheint Freuds Schrift *Drei Abhandlungen zur Sexualtheorie*. Ein schmales Bändchen, in dem sich Freud, sehr viel nüchterner als Forel und frei von aller Metaphysik, mit dem abweichenden Sexualverhalten, der infantilen Sexualität und den Umgestaltungen der Pubertät auseinandersetzt. Anders als Forel versucht Freud den «Geschlechtstrieb» aus den Vorurteilen der Zeit heraus wahrzunehmen: «Die populäre Meinung», heißt es in der ersten Abhandlung, «macht sich ganz bestimmte Vorstellungen von der Natur und den Eigenschaften dieses Geschlechtstriebes. Er soll der Kindheit fehlen, sich um die Zeit und im Zusammenhang mit dem Reifungsvorgang der Pubertät einstellen, sich in den Erscheinungen unwiderstehlicher Anziehung äußern, die das eine Geschlecht auf das andere ausübt, und sein Ziel soll die geschlechtliche Vereinigung sein oder wenigstens solche Handlungen, welche auf dem Wege zu dieser liegen. – Wir haben aber», so Freud, «allen Grund, in diesen Angaben ein sehr ungetreues Abbild der Wirklichkeit zu erblicken.» Freud zieht neue Grenzen zwischen normalem und abweichendem Sexualverhalten. Sozusagen ursprünglich sei «die Anlage zu den Perversionen», das «normale Sexualverhalten» würde sich «infolge organischer Veränderungen und psychischer Hemmungen im Laufe der Reife» daraus entwickeln. Mit anderen Worten: In der frühen Kindheit sind Perversionen normal, eine natürliche Anlage; ob solche perversen Neigungen im Erwachsenenalter zu neurotischen Symptomen werden, darüber entscheiden bestimmte Erfahrungen und Erlebnisse im infantilen Sexualleben und seiner Duldung durch die Erwachsenen, die Verdrängung fordern und eine Zensur ausüben. Die Trennungslinie zwischen dem Normalen und dem Krankhaften, wie sie Forel zog, war für Freud obsolet, sie entsprach nicht der Wirklichkeit. Im Grunde – das war eine seiner Entdeckungen – sei jeder Mensch potentiell pervers.

Vieles an der Freudschen Sexualtheorie wirkte verstörend auf Jung. Wie soll er da Kurs halten und sich nicht selbst verlieren? Im April 1906 schwankt er noch immer, aber dann schickt er doch den soeben erschienenen Sammelband über *Diagnostische Assoziationsstudien* nach Wien. In seiner Antwort vom 11. April schreibt Freud, daß er das Buch «aus Ungeduld» bereits in seinen Besitz gebracht habe. «Ihre letzte

Arbeit, ‹Psychoanalyse und Assoziationsexperiment›, hat mich natürlich am meisten erfreut, da Sie, auf Erfahrung sich stützend, dafür eingetreten sind, daß ich nichts anderes als Wahres aus den bisher nicht betretenen Gebieten unserer Disziplin berichtet habe. Ich rechne mit Zuversicht darauf», schloß Freud, «daß Sie noch oftmals in die Lage kommen werden, mich zu bestätigen, und werde mich auch gerne korrigiert finden.»

Jung folgt der Aufforderung, ohne zu zögern. Bereits im nächsten Brief gibt er seine Bedenken zur Rolle der Sexualität zu Protokoll und schlägt vorsichtig ein paar Korrekturen vor. Die Keime der zukünftigen Auseinandersetzungen um die Bedeutung der Sexualität werden hier bereits sichtbar. Aber die beiden Korrespondenten stellen zunächst nicht das Trennende, sondern das Gemeinsame in den Vordergrund. So präsentiert sich Jung am Ende des Briefes als Vorkämpfer und Missionar der Sache. Bleuler, den Freudschen Prinzipien gegenüber zunächst noch von «lebhaftem Widerstand», sei «jetzt völlig bekehrt», schreibt er am 5. Oktober 1906. In seiner Antwort rechnet Freud diesen Erfolg Jung zu, «daß Sie Bleuler bekehrt haben, läßt mich Ihnen besonderen Dank sagen». Auch Jung selber mit seinen Vorbehalten in der «Hysterie- und Sexualitätsfrage» werde ihm im Laufe der Jahre viel näher kommen, als er das jetzt für möglich halte. «Es kämpfen da zwei Welten miteinander, und wer im Leben steht, wird bald nicht zweifeln können, welche die untergehende und welche die siegreiche sein wird.» Er selbst werde den Triumph wohl nicht mehr erleben, aber seine Schüler, «und ich hoffe ferner, wer es in sich vermag, der Wahrheit zuliebe innere Widerstände zu überwinden, wird sich gerne zu meinen Schülern rechnen und die Reste von Zaghaftigkeit in seinem Denken austilgen».

Der gerade fünfzigjährige Freud nahm gegenüber dem dreißigjährigen Jung von Anfang an die Rolle des alternden Gründers ein, der demnächst abtreten wird, um jüngeren

Kräften Platz zu machen, für die er das Feld bestellt hat, auf dem jetzt geerntet werden kann.

Die Korrespondenz währte erst ein paar Wochen, da nennt ihn Freud bereits «den stärksten Helfer», der sich zu ihm gesellt hat. Er lobt Jungs Schriften, spricht hin und wieder ein kritisches Wort, toleriert aber immer Jungs Eigenheiten, zumal dieser erklärt, seine Zweifel vorerst zurückzustellen: «Es ist mir ungemein sympathisch», schreibt Freud ihm daraufhin, «daß Sie versprechen, mir einen vorläufigen Glauben zu schenken, wo Ihre Erfahrung Ihnen noch keine Entscheidung gestattet, natürlich nur bis sie es Ihnen gestattet.» Und Freud unterläßt es nicht, sich selbst und Jung dabei zu schmeicheln: «Ich meine – bei der vermeintlich strengsten Selbstkritik – ich verdiene diesen Kredit. Aber ich beanspruche ihn nur bei sehr wenigen.» Freud umwarb Jung, er sah in ihm eine «starke, unabhängige Persönlichkeit», die in ihrer Stellung und Begabung bestens gerüstet war, die gemeinsame Sache zu vertreten. Jung war aus anderem Holz geschnitzt als seine Wiener Anhänger, und gottlob war er kein Jude, sondern ein «Germane», der, wie Freud sich ausdrückte, «leichter die Sympathien der Mitwelt kommandieren» kann. Mit Jungs Auftreten, schrieb Freud an Abraham im Mai 1908, sei «die Psychoanalyse der Gefahr entzogen (...), eine jüdisch nationale Angelegenheit zu werden». Freud war davon überzeugt, daß die Psychoanalyse dem Antisemitismus verfallen würde, wenn es nicht gelänge, unter den «Ariern» Anhänger zu finden. Aus Jung wurde eine Person von großer strategischer Bedeutung.

Aber Freud glaubte nicht nur an Jungs Berufung, an seine Fähigkeiten und Führungsqualitäten, er fühlte sich ihm auch innerlich verbunden. Aufklärer, der er war, hatte er auch seine dunkle romantische Seite, für Jungs Interesse am Okkulten war er keineswegs unempfänglich. Die Mischung zog ihn in den Bann, das Romantische und Mystische geparrt mit dem Germanisch-Wurzelhaften und Gesunden. Der Analytiker und Freud-Biograph Ernest Jones meint, daß besonders Jungs «Vitalität, seine Lebhaftigkeit und vor allem seine ungehemmte Phantasie» Freud anzogen. Als Jung dann im März 1907 einer Einladung Freuds nach Wien folgte, sollte sich die persönliche Wertschätzung noch steigern. Jung, der mit seiner Frau und seinem jungen Kollegen Ludwig Binswanger angereist war, beeindruckte Freud gleich bei seiner ersten Begegnung durch ungeheuer kraftvolles Auftreten und seinen stundenlangen Redefluß, der von einer Hingabe an das Werk zeugte, wie er es noch bei keinem zweiten erlebt hatte. Freud versäumt es nicht, Jung und Binswanger voller Stolz auf einer Sitzung der *Psychologischen Mittwoch-Gesellschaft* zu präsentieren. Jedermann, erinnert sich Max Graf, einer der Teilnehmer an diesem Abend, hätte bemerken können, wie angetan Freud von Jung gewesen sei, wie er ihn hofiert und seinen Wiener Anhängern vorgezogen habe. Tatsächlich sieht Freud nach dieser Begegnung in Jung den kommenden Mann. Am 7. April schreibt er ihm: Seine Person erfülle ihn mit Vertrauen, nun wisse er, daß er entbehrlich sei wie jeder andere, «und daß ich keinen anderen und besseren Fortsetzer und Vollender meiner Arbeit wünsche als Sie».

Auch für Jung wird diese Begegnung zu «einer eigentlichen Konfirmation». Nun, wo er Freud persönlich kennengelernt hat, glaubt er auch seine Wissenschaft besser zu verstehen. «Wo uns Fernstehenden noch so vieles Dunkel ist», schreibt er am 11. April an Freud, «kann einem nur der Glaube helfen; der beste und wirksamste Glaube erscheint mir aber das Wissen um Ihre Persönlichkeit.» Und unter dem Eindruck der Persönlichkeit schwinden bei Jung auch die Zweifel an der Rolle der Sexualität: «Ihr erweiterter Sexualitätsbegriff», schreibt er Freud gleich nach seinem Besuch, «ist jetzt etwas assimiliert und an verschiedenen konkreten Fällen erprobt worden.»

«Ein Erlebnis aus jüngster Zeit»

Jung war offenbar auf dem besten Weg, sich zu der «anderen Welt», zu Freud, durchzukämpfen. Doch seine Darstellung in den Briefen an Freud entsprach nicht ganz der Wirklichkeit. Im Burghölzli trat er zwar als enthusiastischer Parteigänger Freuds auf, doch Bleuler hatte er keineswegs «völlig bekehrt». Als im Herbst 1906 dessen Buch *Affektivität, Suggestibilität, Paranoia* erschien, wurde es offensichtlich. Am 31. Oktober wird die Schrift auf der Sitzung der *Mittwoch-Gesellschaft* vorgestellt. Freud nennt Bleulers Buch «eine schwächliche Arbeit» und hebt die «Halbheit» seiner Anhängerschaft hervor; Bleuler stehe «dem Sexuellen verständnislos gegenüber». Jungs vollmundige Behauptung erwies sich zumindest als voreilig. Als ebenso voreilig erwiesen sich Jungs Hoffnungen, im Fall Sabina Spielrein einen therapeutischen Erfolg erzielt zu haben. Bei seinem ersten Analysefall hatte er um diese Zeit mit Rückfällen und Komplikationen zu kämpfen.

Sabina Spielrein hatte sich in den zurückliegenden drei Semestern ganz auf das Studium konzentriert. Von privaten Kontakten und Beziehungen in dieser Zeit ist kaum etwas bekannt. 1909 erwähnt sie in ihrem Tagebuch Kommilitoninnen, mit denen sie auch einmal Privates bespricht. Immer wieder aber ist von einer «schauderhaften Einsamkeit» die Rede, von der «Sehnsucht nach Liebe», der «Furcht vor dem Erstarren». Was sie schon am Tag ihrer Einschreibung befürchtet hat, scheint auch eingetroffen zu sein: «Mit den Studenten werde ich nicht übereinkommen; das fühle ich. Ich bin für sie verschlossen.»

Von Anfang an übernahm Sabina Spielrein die Rolle einer Abseitsstehenden, einer Fremden. Als Russin und Jüdin war sie das natürlich auch. Andererseits ist sie im Studium von vielen Landsleuten umgeben. Mehr als ein Drittel aller Studenten an der Züricher Universität kamen 1906 aus dem russischen Reich. Viele von ihnen studierten Medizin und besuchten, wie Sabina Spielrein, die Vorlesungen von Bleuler und Jung. Natürlich bildeten sie Zirkel und Diskussionsgruppen. Von mindestens vier Landsleuten Spielreins ist bekannt, daß sie sich um diese Zeit naher mit den psychiatrischen Forschungen im Burghölzli vertraut machten und auch in persönlicher Verbindung mit Jung standen: Tajtana Rosenthal, Esther Aptekmann, Fanja Schalewskaja und Max Eitingon – alle aus Südrußland, und alle Juden. In der Geschichte der Psychoanalyse spielen sie eine gewisse Rolle. Vor allem Max Eitingon; der Sohn wohlhabender jüdisch-orthodoxer Eltern kam als erster aus dem Burghölzli im Auftrag Bleulers nach Wien und nahm an einer Sitzung der *Mittwoch-Gesellschaft* teil. Eitingon wird ein enger Vertrauter Freuds und gründet 1920 die Berliner psychoanalytische Poliklinik und Lehranstalt. Sabina Spielrein und Max Eitingon werden sich öfter begegnen, doch ohne viel Sympathie füreinander zu empfinden.

Während sich Spielrein als Medizinstudentin von ihren Landsleuten fernhält, scheint sich ihr ganzes Studieren, ihr ganzes Leben, um eine Person zu drehen: C. G. Jung. Mit ihm diskutiert sie auch außerhalb der normalen wöchentlichen Behandlungsstunden, er ist der Ansprechpartner und Ratgeber in allen Lebensfragen, und es entwickelt sich mit der Zeit ein vertrautes Verhältnis. Jung seinerseits ist begeistert von der jungen Medizinstudentin, die von ihm lernen will und sich von seinen Ideen und Gedanken beeindruckt zeigt.

Und wie Spielrein später schreibt, haben sie beide das Gefühl einer tiefen Seelen- und Geistesverwandtschaft. Jung gibt ihr als Beweis sein Tagebuch: «Das hat nur meine Frau gelesen und ... Sie!»

Doch aus der rein freundschaftlichen Beziehung wird schnell etwas anderes. Im Jahre 1906 verliebt sich Spielrein in Jung; gleichzeitig begehrt sie gegen die Behandlung auf und klagt über mangelnden Beistand. Einiges über ihre damalige seelische Verfassung wissen wir aus einer Art Tagebuch, das sie im August 1906, im Sommer 1907 und wahrscheinlich im Frühjahr 1908 geführt hat. Die Eintragungen weisen eine Besonderheit auf: sie richten sich nämlich durchgängig an Jung und sind im Stil eines Briefes verfaßt, also ganz dialogisch. Im August 1906 schreibt sie von ihrem «Katzenjammer». Es hat eine Auseinandersetzung mit Jung stattgefunden: «Ich hatte nie das Recht dazu, Sie für einen Lügner zu halten im gewöhnlichen Sinne des Wortes, und behaupte es auch nicht. Aus verschiedenen Gründen, wie Anständigkeit, Eitelkeit oder ethischen Begriffen, könnten Sie Ihre Gefühle nicht zeigen wollen. Daß Sie mich früher für moralisch gehalten – weiß ich, aber mit der Zeit könnte die Meinung wechseln.» Spielrein wirft Jung vor, daß er sich hinter der Rolle des Arztes versteckt, sich herausredet und ihr gegenüber nicht sagt, was er empfindet. Sie schreibt, daß Symptome wie das Zwangslachen wieder aufgetreten sind, sie erzählt von Phantasien, die sie peinigen, von einer Behandlung in der Klinik, «wo nun wieder der Teufel die Oberhand gewann». Gleichwohl besucht sie in dieser Zeit die Vorlesungen, vor allem natürlich die von Jung: «Ich weiß nicht, wie es kam, aber als Sie bei der Hysterie waren, geriet ich aus Freude und Dankbarkeit in weinende Gefühle. Da Sie aber bald hinzufügten: ‹Es gibt natürlich unter ihnen auch moralische Defekte›, habe ich's auf mein Konto genommen. – Zum Schluß war die Melancholie.» Trotzdem, sagt sie, «war die Vorlesung wunderschön (nicht im wissenschaftlichen, sondern im ethischen Sinn)». Im Überschwang ihrer Gefühle idealisiert Sabina Spielrein nicht mehr nur ihren Therapeuten, sie sieht in ihm immer mehr das Objekt ihres Begehrens: «Ich liebe Sie zu stark, darum scheint mir auch vielleicht das, was gar nicht ist (und vielleicht doch?) (wie, daß Sie mich verachten, daß Sie nicht wollen, daß ich zu Ihnen krieche etc.). Das gibt jedesmal Gefühlsstürme und Selbstquälereien. Zuerst dachte ich, es gehe mit der Wissenschaft, aber wenn ich Sie wieder einmal sehe, nachdem ich so vieles angesammelt, geht alles durcheinander.» Zum erstenmal benutzt sie in diesem Zusammenhang ein Wort, mit dem sie ihr Liebesverhältnis zu Jung chiffriert: «Poesie». «Poesie machen», «Poesie haben» – das wird zur vieldeutigen Umschreibung ihrer intimen Beziehung. 1906 hat sie mit den Gedanken gespielt, an eine andere Universität zu gehen, Zürich zu verlassen – etwas halbherzig, wie es scheint: «Soll ich versuchen, Sie auf drei Jahre ganz in Ruhe zu lassen? (Was noch so schade ist, daß ich Ihre Vorlesung über Hysterie riesig hören möchte.) – Zum Teufel! Muß der Komplex der Krankheit etc. dem wissenschaftlichen Drang entgegenkriechen! Was tun?»

Schon bei den ersten Anzeichen einer Komplikation schrieb nun aber Jung an Freud, also ganz am Anfang ihres Briefverkehrs. Am 23. Oktober 1906 – man hatte gerade fünf Briefe ausgetauscht – entschloß er sich, im Fall Spielrein Freud ins Vertrauen zu ziehen: «Ein Erlebnis aus jüngster Zeit muß ich bei Ihnen abreagieren, auf die Gefahr hin, Sie zu langweilen. Ich behandle gegenwärtig eine Hysterie nach Ihrer Methode. Schwerer Fall, 20jährige russische Studentin, krank seit sechs Jahren.» Skizzenhaft und schematisch teilt Jung einiges über die Anamnese mit. Hatte er zuvor noch Vorbehalte in der Sexualitätsfrage und vor allem am «sexuellen Jugendtrauma» geäußert, so schildert er nun den Fall so, daß er genau in das Freudsche Schema paßt: Angefangen mit der Datierung eines Traumas im 3.–4. Lebensjahr bis hin zu den analerotischen Komponenten des Falles. Und Freud zeigt sich von der Sache ganz angetan: «An Ihrer Russin ist erfreulich, daß es eine Studentin ist; ungebildete Personen sind für uns derzeit allzu undurchsichtig. Die berichtete Defäkationsgeschichte ist hübsch, nicht ohne zahlreiche Analogien.» Freud konnte sich durch das analerotische Material nur bestätigt sehen und verwies Jung auf seine ein Jahr zuvor erschienene Schrift *Drei Abhandlungen zur Sexualtheorie*: «Sie erinnern sich vielleicht aus meiner ‹Sexualtheorie› an die Behauptung, daß Zurückhaltung der faeces schon vom Säugling als Lusterwerbsquelle ausgenützt wird. Das 3.–4. Jahr ist die bedeutsamste Periode für die später pathogenen Sexualbetätigungen (...). Infantile Fixierung der Libido auf den Vater, der typische Fall, als Objektwahl; analer Autoerotismus.» Und Freud macht Jung gleich noch auf die typischen Charakterzüge aufmerksam, die sich aus der analerotischen Konstellation ergeben: Solche Leute «sind sehr ordentlich, geizig und trotzig, was sozusagen die Sublimierungen der Analerotik sind. Fälle wie dieser, auf verdrängter Perversion beruhend, sind besonders schön zu durchschauen. Sie haben mich also gewiß nicht gelangweilt.»

Freud konnte nicht ahnen, daß das, was er als «analen Autoerotismus» beschrieb, auch ein Erlebnis in Jungs Kindheit traf: An einem schönen Sommertag sieht er das Dach des Basler Münsters im Licht glitzern, er denkt an Gott, der im Himmel auf einem Thron sitzt, und in diesem Moment befällt ihn die gotteslästerliche Vorstellung, daß ein «ungeheures Exkrement» von dort oben «auf das neue bunte Kirchendach» fällt und es zerschmettert. Jung wagt zunächst den Frevel nicht auszusprechen, er verdrängt alles, was mit der Situation zu tun hat, als er dann schließlich den Gedanken zuläßt, fühlt er «eine ungeheure Erleichterung und eine unbeschreibliche Erlösung».

Die «verdrängte Perversion», die Freud im Fall der «jungen Russin» attestiert, ist Jungs Erlebnis merkwürdig parallel. Jung wird das nicht entgangen sein. Doch zu Spielrein war ihm mit Freuds Hinweisen keineswegs geholfen. Aber wollte er sich überhaupt helfen lassen, oder hatte er es nicht darauf angelegt, Freud einen Fall zu präsentieren, der ganz nach seinem Geschmack war? Beide konnten sich dadurch bestätigen: Freud in seinen Auffassungen zur Sexualtheorie und Jung in der Rolle eines Musterschülers, der die Ansichten des Meisters erbittet und sich vertrauensvoll von ihm Rat holt. Die beiden Männer hatten ein Arrangement gefunden, ein Arrangement, das im Mißverstehen über den Fall Spielrein wurzelte.

Jungs Schwierigkeiten hingen nicht – jedenfalls nicht in erster Linie – mit der Deutung der Symptome zusammen, sondern mit dem therapeutischen Geschehen. Wichtiger war darum ein anderer Hinweis von Freud im Brief vom 6. Dezember: Er habe manches, «was über Grenzen der Therapie und Mechanismus derselben zu sagen wäre», für sich behalten, denn «übelwollenden Leuten» könne man «keine Erklärungen geben». Freuds Rede an dieser Stelle ist in ein magisches Dunkel getaucht, bisher hätte er die Dinge «so dargestellt, daß nur der Kundige es erkennt». Ein geheimes Wissen, das Jung, so mutmaßt Freud, möglicherweise schon halb erraten hat. «Ihnen wird es nicht entgangen sein, daß unsere Heilungen durch die Fixierung einer im Unbewußten regierenden Libido zustande kommen (Übertragung), die einem nun bei der Hysterie am sichersten entgegenkommt. Diese gibt die Triebkraft zur Auffassung und Übersetzung des Unbewußten her; wo diese sich weigert, nimmt sich der Patient nicht diese Mühe oder hört nicht zu, wenn wir ihm die von uns gefundene Übersetzung vorlegen. Es ist eigentlich», so Freud, «eine Heilung durch Liebe. In der Übertragung liegt dann auch der stärkste, der einzig unangreifbare Beweis für die Abhängigkeit der Neurosen vom Liebesleben.»

Heilung durch Liebe – damit war der Schlüssel, das mystische, nur schwer zu kontrollierende Element der Kur benannt, die okkulte Macht, die im Aufklärungsdenken der

Psychoanalyse als treibendes Moment wirksam bleibt. Freud war die Brisanz dieser Mitteilung bewußt, doch er zögerte immer wieder, die Sache öffentlich darzustellen und gab solche behandlungstechnischen Hinweise nur unter der Hand weiter. Daß er dann Jahre später zum Übertragungsgeschehen in der Analyse und zum Verhältnis von Therapeut und Analysandin Stellung bezieht, hatte auch mit den Erfahrungen im Fall Spielrein zu tun. 1915 stellt er in den «Bemerkungen über die Übertragungsliebe» unumwunden fest, «daß das Verlieben der Patientin durch die analytische Situation erzwungen wird». Der analysierende Arzt habe die Liebesübertragung festzuhalten und müsse sie zugleich als «etwas Unreales» behandeln. Die zur Heilung der Neurose hervorgelockte Liebe sei in der Analyse «das unvermeidliche Ergebnis einer ärztlichen Situation», und der Arzt habe sich entsprechend zu verhalten, dürfe dem «Liebesverlangen der Patientin» nicht nachgeben, es aber auch nicht unterdrücken. Freud bewegt sich in seiner Argumentation in einem stetigen Einerseits-andererseits: «Unzweifelhaft», schreibt er zum Schluß, «ist die geschlechtliche Liebe einer der Hauptinhalte des Lebens und die Vereinigung seelischer und körperlicher Befriedigung im Liebesgenusse geradezu einer der Höhepunkte desselben. (...) Andererseits», so Freud, «ist es eine peinliche Rolle für den Mann, den Abweisenden und Versagenden zu spielen, wenn das Weib um Liebe wirbt, und von einer edlen Frau, die sich zu ihrer Leidenschaft bekennt, geht trotz Neurose und Widerstand ein unvergleichbarer Zauber aus.»

Ein Zauber? Jung hat ihn zunächst geflissentlich ignoriert. Im Januar 1907 stellt sich Jung seinem Assistenten Ludwig Binswanger zu einer Reihe von Wortassoziationstests zur Verfügung. Unter Einsatz eines Elektrogalvanometers erforscht Binswanger für seine Dissertation die Komplexe seines Vorgesetzten. Auffällig ist, daß Jung bei den Reizwörtern «Anstand», «Geld», «Kind», «Ruhm», «Familie» immer mit «haben» antwortet. Und das, wo er doch über all dies, mehr oder weniger, schon verfügt! Binswanger schließt auf eine «Perseveration», ein Festhalten und Verharren, das auf einen Komplex hindeutet. Bemerkenswert ist auch die Assoziation «Reue – Treue». Die Versuchsperson, schlußfolgert Binswanger, bedauert die Treue zur Ehefrau. Als Spielrein später die Untersuchung liest, fällt ihr noch eine andere Kombination auf: «Kind haben» – «Hut aufsetzen». Kurz vorher hatte ihr Jung gesagt, man müsse «auf der Hut sein». Und «Hut aufsetzen» spielte womöglich noch auf empfangnisverhütende Maßnahmen an. Zum Schluß des Tests taucht noch eine weitere markante Assoziation auf: «scheiden – meiden».

Hatte sich Jung verraten? War ihm Binswanger auf die Schliche gekommen? So interessant der Test war, so wenig sagt er darüber aus, ob Jungs Assoziationen direkt um Sabina Spielrein kreisen. Aufschlußreicher ist aber eine andere Geschichte, die Jung am 6. Juli 1907 etwas beiläufig Freud mitteilt. «Haben Sie etwas dagegen, wenn ich Sie mit persönlichen Erlebnissen langweile?» Und Jung erzählt drauflos: In Paris habe er eine Deutschamerikanerin kennengelernt, die keinen schwarzen Kaffee mag, eine Abneigung, die Jung mit einer, gelinde gesagt, etwas gewagten Argumentation mit Schwangerschaftswünschen in Verbindung bringt. Die nächste Geschichte ist nicht weniger kurios, schließlich fällt ihm noch eine Episode aus einer Behandlung ein: «Eine hysterische Patientin erzählte mir, ein Vers aus einem Lermontowschen Gedicht gehe ihr beständig im Kopfe herum. Das Lied handelt von einem Gefangenen, dessen einziger Kamerad ein Vogel in einem Käfig ist. Den Gefangenen beseelt nur *ein* Wunsch: er möchte in seinem Leben, als höchste Tat, irgendeinem Wesen die Freiheit schenken. Er öffnet den Käfig und läßt seinen geliebten Vogel fliegen.» Nach dem höchsten Wunsch der Patientin gefragt, sagt sie: «Ich möchte in meinem Leben einmal einem Wesen durch psychoanalytische Behandlung zur völligen Freiheit verhelfen. (...) Wie sie zugibt», so weiter Jung, «wäre eigentlich ihr höchster Wunsch, von mir ein Kind zu haben, das alle ihre unvollendbaren Wünsche zur Vollendung brächte. Dazu müßte ich natürlicherweise vorher den ‹Vogel fliegen› lassen. (Im Schweizerdeutschen sagt man z. B.: Hat Dein ‹Vögeli› auch schon gepfiffen?).»

Für Jung reimt sich wunderbar zusammen, was Sabina Spielrein – denn um sie handelt es sich – im Kopf herumgehe: «Nicht wahr, eine schöne Kette?» Jung kannte sich in der russischen Lyrik nicht aus, er konnte nicht wissen, was dann später Vladimir Nabokov in der amerikanischen Ausgabe des *Freud-Jung-Briefwechsels* berichtigt hat, daß es sich hier mitnichten um ein Gedicht Lermontows, sondern um Puschkins Gedicht «Das Vögelein» handelt, allerdings sinnentstellt wiedergegeben. Ob Jung hier etwas falsch verstanden hat oder ob Spielrein möglicherweise mehrere Gedichte durch den Kopf gegangen sind, ist nicht zu entscheiden, ist auch gar nicht so wichtig. Jung geht es ja um die «schöne Kette», die aber kommt offensichtlich nicht nur durch die Assoziation der Patientin zustande, sondern vor allem durch die Intervention des Analytikers, der Gedichtzeilen und Berufswunsch als Übertragungsphänomene deutet.

Was immer Jung am Fall Spielrein beobachtet und analysiert, es schien bestens in die Freudsche Theorie zu passen. Als Jung dann im September 1907 beim Ersten Internationalen Kongreß für Psychiatrie und Neurologie in Amsterdam einen Vortrag über «Die Freudsche Hysterietheorie» hält, lag für ihn nichts näher, als den Fall Spielrein zum Paradigma zu erheben. Auf dem Kongreß gehört Jung zu den wenigen Verfechtern der Freudschen Lehre. Fast alle anwesenden Koryphäen sprechen sich, zum Teil höchst polemisch, gegen Freud und seine Auffassung von der Hysterie aus. Jung kommt mit der Stimmungslage nur schwer zurecht. Bevor er auf den Fall Spielrein eingeht, stellt er ausführlich Freuds Entwicklung dar, angefangen von dessen

Zusammenarbeit mit Breuer bis zu dem 1905 erschienenen Fall «Dora» und den *Drei Abhandlungen zur Sexualtheorie*. Als er dann schließlich «seinen» Fall, den Fall Spielrein, darstellt, gerät er in Zeitnot und wird mehrfach vom Tagungsleiter gemahnt, die Redezeit einzuhalten. Unter den Vortragenden ist auch der spätere Freud-Biograph Ernest Jones, der sich erinnert, daß Jung, nachdem man ihm vom Rednerpult drängen mußte, gänzlich aus der Fassung geriet und mit «hochrotem Kopf» den Saal verließ. Dabei hatte sich Jung die Sache so schön vorgestellt, er wollte den Beweis erbringen, «daß solche Fälle, die genau auf das Freudsche Schema passen, tatsächlich vorkommen». Schließen wollte er mit dem Satz, der sich auch in der überarbeiteten Fassung des Vortrags findet: «Die Freudsche ‹Hysterie› existiert.» Ein grandioser Schluß, zu dem er aber aus Zeitnot nicht kam.

Es fiel ihm schwer, seinen verpatzten Auftritt gegenüber Freud einzugestehen. In einem Brief noch am selben Tag versucht er sich aus der Affäre zu ziehen, indem er die Gegner angreift und pathologisiert: Die ganze Versammlung sei «stark infiziert» und voller «Affektwiderstände», «eine entsetzliche Bande, stinkend vor Eitelkeit».

Das merkwürdige Versagen Jungs, seine Unsicherheiten – sie waren vorhersehbar. Bei aller Entschlossenheit, die er Freud gegenüber bekundete, befand er sich gegenüber der Sexualitätsfrage immer noch im Zwiespalt. Typisch dafür ist eine Anfrage, die er kurz vor dem Kongreß an Freud richtet: «Ich möchte Sie nun noch um eine Aufklärung bitten: Fassen Sie die Sexualität als die Mutter aller Gefühle auf? Ist für Sie die Sexualität nicht bloß eine Komponente der Persönlichkeit (die wichtigste allerdings) und darum der Sexualkomplex die wichtigste und häufigste Komponente des hysterischen Krankheitsbildes?» Und was ihn vor allem interessiert: «Gibt es nicht hysterische Symptome, die zwar vom Sexualkomplex mitdeterminiert, aber überwiegend durch eine Sublimation oder durch einen nicht sexuellen Komplex (Beruf, Stellung etc.) bedingt sind?»

Auf dem Kongreß wurden ganz ähnliche Fragen gestellt –: Jung geriet zwischen die Fronten und mußte verteidigen, was für ihn keineswegs geklärt war. Um sich zu retten – um Freud zu retten –, gab Jung das intime Material einer Patientin preis, die um diese Zeit auf dem besten Weg war, sich zur Kollegin zu entwickeln.

«Ob ich da wieder heil herauskomme?»

In ihren Tagebüchern schwelgt Sabina Spielrein in Gefühlen, wirkt oft unsicher, gehemmt und formuliert nicht sehr originell. Das macht die Lektüre zu einer mühevollen, zuweilen quälenden Angelegenheit. In ihren Schriften erleben wir sie von einer ganz anderen Seite: Da tritt uns eine Autorin entgegen, die mit überraschenden Überlegungen aufwartet, die präzis und zielbewußt denkt und formuliert. Hier zeigt sie Temperament, Kaft und Entschlossenheit – auch wenn sie über die Liebe spricht: «Bei jeder Liebe muß man zwei Vorstellungsrichtungen unterscheiden: die eine – wie man liebt, und die andere – wie man geliebt wird. Bei der ersten Richtung ist man selbst Subjekt und liebt das nach außen projizierte Objekt, bei der zweiten ist man in den Geliebten verwandelt und liebt sich als sein Objekt.» Ein geradezu apodiktischer Gestus durchzieht den Text, nicht selten tauchen Formulierungen auf wie: «Mit Bestimmtheit ...», «Ohne Zweifel ...», «Ich muß entschieden die Anschauung vertreten ...»

Bereits in den ersten Aufzeichnungen, die Sabina Spielrein in den Jahren 1906 und 1907 als Medizinstudentin macht, lassen sich diese stilistischen Merkmale erkennen. Aber nicht nur formal, auch inhaltlich sind diese frühen Texte bemerkenswert, denn schon hier stellt sie Fragen, entwickelt sie Überlegungen, von denen sie nicht wieder loskommt. Die Beziehung von Tod und Sexualität, von Vernichtung und Wiedergeburt, ist so ein Thema, mit dem sie sich früh und sehr entschieden auseinandersetzt: «Der Tod des Individuums bildet das Wesen nur eines Komplexes – des

Sexualkomplexes. Jedes Individuum als solches muß schwinden. Der Instinkt», so heißt es unzweideutig, «ist immer der Tod, Vernichtung der Persönlichkeit, in dem zwei Individuen zu einem verschmelzen. So erklären sich auch die zahlreichen Darstellungen des Triebes, als Zerstörende, Teufelskraft etc. – So erklärt sich auch der Widerstand, den jede Persönlichkeit dem Sexualtrieb entgegenbringt.» Im «Drang nach Arterhaltung» würde sich der Sexualtrieb, anders als die Liebe, über die Individualität hinwegsetzen, sie möglicherweise sogar negieren. Deshalb würde Sexualität oft als etwas «Destruktives», Zerstörerisches, erfahren, das im Individuum Widerstände erregt. 1907 macht Sabina Spielrein einen ersten, noch unsicheren Versuch, den Zusammenhang zwischen Sexualität und Destruktion zu formulieren. Ihre wichtigste Arbeit, «Die Destruktion als Ursache des Werdens», wird aus diesen Gedanken hervorgehen.

Die Fragen, die Sabina Spielrein interessierten, waren von allgemeiner philosophischer Natur und hatten mit dem Medizinstudium im engeren Sinn wenig zu tun. Im Burghölzli beschäftigten sich damals viele Studenten mit den Assoziationsexperimenten und legten dazu eigene Testreihen vor. Sabina Spielrein jedoch – das zeigen auch ihre späteren Arbeiten – war offenbar an den klinisch-experimentellen Untersuchungen nicht sehr interessiert.

So ausschweifend wie ihre Gedanken, so ausschweifend ist in dieser Zeit auch ihre Lektüre: Sie liest von Freud *Die Traumdeutung*, das Buch über den *Witz und seine Beziehung zum Unbewußten*, die *Drei Abhandlungen zur Sexualtheorie*, Forels Schrift über den *Hypnotismus*, Ernst Machs *Analyse der Empfindungen*, Schopenhauers *Preisschrift über die Freiheit des Willens* und Nietzsches *Zarathustra*. Vor allem aber beschäftigt sie sich mit den Schriften Jungs, sie fertigt Exzerpte an, schreibt Kommentare und sucht immer wieder die Auseinandersetzung mit ihm, um die eigenen Gedanken und Ideen zu präzisieren.

Im Sommer 1907 entwickelt sie ihre, wie sie es nennt, «Theorie der Transformation». Jung ist dabei der Ansprechpartner und Widerpart, aber im Hintergrund steht Freuds Auffassung von der Sublimation. Spielrein behauptet, daß im Ich zwei Kräfte wirken, ein «Beharrungsvermögen» und ein Trieb zur «Transformation». Dieser Trieb ist nicht identisch mit dem Sexualtrieb, der nur eine besondere Form der Transformation ist: «Das Sexualgefühl braucht dem Wesen nach keinen Transformationsdrang und trotzdem ist dieser Drang vorhanden; der Transformationsdrang braucht aber das Sexualgefühl, letzteres ist ein notwendiger Bestandteil des ersteren.» Ohne Freud zu nennen, knüpfen diese Überlegungen Spielreins an dessen Formulierungen über die Sublimierung in den *Drei Abhandlungen zur Sexualtheorie* an. Freud denkt dabei besonders an kulturelle und intellektuelle Leistungen und Tätigkeiten. «Der Sexualtrieb», so Freud, «stellt der Kulturarbeit außerordentlich große Kraftmengen zur Verfügung, und dies zwar infolge der bei ihm besonders ausgeprägten Eigentümlichkeit, sein Ziel verschieben zu können, ohne wesentlich an Intensität abzunehmen.» Die «Fähigkeit zur Sublimierung» bestehe also darin, ein ursprünglich sexuelles Ziel gegen ein nicht mehr sexuelles zu vertauschen. Auch Spielrein hat Kunst und Kultur im Auge, wenn sie von Transformation spricht; sie bezeichnet die Sexualität als «mächtige Triebfeder» in der Kunst. Aber sie ist nicht identisch mit dem Drang nach Transformation: «Der Ausdruck: ‹Libido› (das heißt ‹Sexualgefühle im engeren Sinne›) auf die Kunst oder Wissenschaft verlegen ist strenggenommen falsch; es ist eben kein spezielles Sexualgefühl, als Grundlage allen Fühlens, sondern es ist ein Beharrungsvermögen und ein Transformationstrieb, der eventuell auf die sexuelle Seite neigen kann, und dann wird er ‹Libido› heißen.» Kunst und Wissenschaft sind keine bloßen Derivate eines anderen Triebes, es sind mögliche Wege der Umgestaltung und Transformation eines Komplexes. «Wenn der

Künstler schafft, ist es nicht im geringsten der Trieb, den Leuten was mitzuteilen, der da in Kraft tritt. Der Komplex muß einfach heraus.» Jung formuliert viele Jahre später ganz ähnlich, ohne sich dabei auf seine Schülerin zu beziehen: «Denn die Kunst ist (dem Künstler) eingeboren wie ein Trieb, der ihn erfaßt und zum Instrument macht. Das in letzter Linie in ihm Wollende ist nicht er, der persönliche Mensch, sondern das Kunstwerk.» Bemerkenswerterweise trennt Jung nun aber das Geistige völlig von der Sexualität und bezeichnet es als «Prinzip sui generis». 1907 denkt er unter dem Einfluß Freuds über die Dinge noch ganz anders. Spielrein schreibt: «Ich muß zu Ihnen ein Extrem bilden, weil Sie im Eifer Ihrer neuen Theorien die Möglichkeit einer nicht sexuellen Transformation gar nicht anerkennen.» Die «neuen Theorien», das war natürlich Freud.

Welche Konsequenzen ergeben sich therapeutisch aus Spielreins Position? «Bei der Behandlung einer Hysterie werden Sie zwei verschiedene Dinge berücksichtigen müssen. Nr. 1 der meist (oder immer?) psychosexuellen Komponente des Ichs eine Transformation zu verschaffen (sei es mittels der Kunst oder einfachen (Ab)Reagierens – wie Sie wollen (...).» Der zweite Punkt läßt gewisse Rückschlüsse zu auf die Behandlung ihres eigenen Falls: Vielleicht, schreibt sie, wäre es «öfter als es scheint notwendig, die Erregung der psychosexuellen Komponente möglichst zu verhindern (...). Es ist gefährlich, dem Komplexe zu große Aufmerksamkeit zu schenken, ihn mit neuen Vorstellungen zu bereichern; so kann nur ein Künstler leben, und auch für ihn gibt es bestimmte Grenzen, die über seine Kräfte gehen.» Ihre Überlegungen schließt sie mit einer persönlichen Bemerkung ab: «Bei mir hat es jetzt die Familie besorgt, daß ich dem Studium entrinnen und wieder im Komplexe stecken muß. Das Jammern ist wieder grenzenlos. Ob ich da wieder heil herauskomme?»

Sabina Spielrein formuliert das Dilemma der Kur: Es werden sexuelle Wünsche bewußtgemacht, aber sie müssen auf die Phantasie verschoben werden. Und Spielrein rettet sich zunächst in die Phantasie, in ein hochkulturelles und geradezu brisantes Phantasma, das schließlich zur fixen Idee, zum Sinnschema wird: Sie träumt ausgerechnet vom germanischen Heros Siegfried. Es ist nicht ganz genau auszumachen, wann die Siegfried-Phantasie zum erstenmal bei Spielrein auftaucht. Im Tagebuch von 1910 schreibt sie ausführlich über diesen Komplex. Daß er in der Form eines realen Kinderwunsches schon Jahre vorher in der Behandlung eine Rolle gespielt haben muß, geht aus den Brieffragmenten von 1909 und aus späteren Briefen Spielreins an Jung hervor. In ihren Aufzeichnungen aus dem Frühjahr 1908 schreibt sie: «Es ist doch der Wunsch, ein Söhnchen von Ihnen zu bekommen, nur der Wunsch, Sie wenigstens in einer kleinen Getalt zu besitzen.» Zu der Zeit, als dieser Wunsch in ihr wach wurde, habe sie von Siegfried geträumt, bekennt sie in einem Brieffragment. Möglicherweise hat die Musik Wagners diese Träume befördert. «Der mir den Dämon mit so einer schauderhaften Deutlichkeit in die Seele führte, war Wagner», heißt es in einem Briefentwurf. Wagners Musik mag die Phantasie angeregt haben, ihr wesentliches Element aber war die Deifikation Jungs, der ihr «als Götterabkömmling (...) vorschwebte». Daß sie als Jüdin die nationalistisch besetzte Ikone des Ariertums zu ihrem Traumbild erhebt, mag befremden und als Selbstverleugnung erscheinen. Nur unterstellt das eine Identität, die Spielrein nicht hat, auch wenn man sie – wir werden es noch sehen – von ihr fordert, die man überhaupt vom Juden fordert. Der Jude hat authentisch zu sein, hat sich zu bekennen, nur dann ist er mit sich im reinen. Siegfried war für Spielrein zunächst eine Machtphantasie, eine Art Größenselbst. Sie sieht ihn als Lichtgestalt, an der sie sich aufrichtet; ausgeblendet bleibt vorderhand, was er immer auch war und was ein gut Teil seiner Faszination ausgemacht hat, der Todesagent, von dem nicht nur Rettung, sondern auch Untergang ausgeht.

Jung wird sich mit der Siegfried-Phantasie intensiv beschäftigen. In dieser Phase steht er jedoch noch ganz unter Freuds Einfluß und betrachtet «Siegfried» als Ausdruck sexuellen Verlangens. Spielrein selbst hat den Wunsch ganz anders interpretiert.

Im Frühjahr 1908 phantasiert sie das Verhältnis mit Jung in einem kritischen Punkt: «Die Unterredung gestern erscheint mir wie ein böser Traum, der nicht aufhört, mich zu bedrücken. Ja! Das ist der Augenblick zu reagieren! Muß ich nach meinem Stolz handeln? Die Frau spielen, selbstgerecht und verletzt? Das würde mir vorkommen, als belüge ich Sie und mich.» Nach dieser stakkatohaften Einleitung folgt eine leidenschaftliche Auseinandersetzung mit Jung, in der sich Spielreins Entschlossenheit zeigt: «So wie die Dinge liegen, kann ich (oder vielmehr muß ich) offen zu Ihnen sein, und Sie können es nicht. Und daß ich die Offenheit mißbrauche, ist eine Quelle beständiger Vorwürfe für mich, aber was könnte ich anders tun? Die Verworrenheit der Situation führt dazu, daß ich die unnatürliche Rolle des Mannes übernehme und Sie die weibliche Rolle. Was gesagt wurde», so Spielrein weiter, «fasse ich ganz und gar nicht endgültig auf; ich verstehe, daß Sie widerstreben müssen, aber ich verstehe auch, daß Ihr Widerstreben mich reizt. Ich bin mir auch ganz bewußt, daß ich, hinge alles von mir ab, verzweifelt widerstreben würde.» Dann folgt die bereits zitierte Passage mit dem «Söhnchen», das sie sich wünscht, und schließlich heißt es: «... wenn da doch ein Gefühlsband wäre, das Sie und mich verknüpfte! Aber Sie versuchen jedes starke Gefühl für mich zu unterdrücken. Die Folge ist, daß Sie nur aus Höflichkeit und Lügen bestehen.»

Das war eine offene Herausforderung. Und Jung mußte Farbe bekennen. Wie sah es in ihm aus? 1911 erschien der erste Teil seiner Schrift *Wandlungen und Symbole der Libido*, in der sich Jung nicht nur kritisch mit den Positionen Freuds auseinandersetzt, sondern auch die eigene bürgerliche Existenz beleuchtet und über das erotische Wollen und Wagen reflektiert; an einer Stelle heißt es, daß sich der Mensch zwar vom Laster hinreißen lassen könne, jämmerlicher aber sei derjenige, der sich von der Tugend hinreißen läßt. «Es gibt eine frenetische, orgiastische Tugendhaftigkeit, die ebenso schändlich ist und ebenso viele Ungerechtigkeiten und Gewaltsamkeiten nach sich zieht wie das Laster.» Der «moralisch Beschränkte» ist eine bemitleidenswerte Figur, der seine Lust mit «Bleigewichten» beschwert, damit sie nicht zu hoch fliegt. Wer so lebt, begeht «eine Art Selbstmord». Auf der anderen Seite, meint Jung, liegt in jeder Leidenschaft, in jedem Wagnis, eine zerstörerische Potenz. «Man muß sich um ein weniges aus nur bürgerlich gesitteten Umständen herausdenken, um zu verstehen, welch Gefühl grenzenloser Unsicherheit den Menschen befällt, der sich bedingungslos dem Schicksal übergibt.» Die Angst vor dem «erotischen Wagen» wäre darum «ganz begreiflich, denn es ist etwas Unabsehbares darin».

Möglicherweise hat Jung im Jahre 1908 ganz ähnlich gedacht. Gerade wollte er sich aus den Fesseln des Anstaltsbetriebes befreien und eine selbständige Existenz aufbauen. Auch in seinem privaten Leben kündigten sich Veränderungen an. Die Wohnung im Burghölzli war der Familie zu klein und zu unkomfortabel geworden, der Bau eines neuen, großen Hauses in Küsnacht am Rande des Zürichsees stand unmittelbar bevor. Und seine Frau war gerade zum drittenmal schwanger. So sahen um diese Zeit die «bürgerlich gesitteten Umstände» aus.

Und dann gab es natürlich noch ethische Schranken, über die er sich als Arzt nicht hinwegsetzen durfte, genausowenig wie über das technische Reglement. Daß die Kur in völliger «Abstinenz», ja, unter Vermeidung «jeglicher Berührung» durchzuführen sei, hatte Freud in den zurückliegenden Jahren mehrfach betont. Später rät er dem Kollegen, in der psychoanalytischen Behandlung sich den «Chirurgen zum Vorbild zu nehmen, der alle seine Affekte und selbst ein menschliches Mitleid beiseite drängt und seinen geistigen Kräften ein einziges Ziel setzt: die Operation so kunstgerecht als möglich zu vollziehen». Freud fordert vom Analytiker «Gefühlskälte», nur so könne er sein eigenes Affektleben schonen und dem Patienten wirklich helfen.

Gefühlskälte? Sabina Spielrein war jung, sexuell anziehend, ein jüdisch-slawischer Typus, nicht so hausbacken-schweizerisch wie die eigene Frau, das faszinierte Jung, aber gleichzeitig wirkt sie auf ihn mit ihrer Direktheit und Intelligenz verstörend. Er hätte sich hinter der Maske des Arztes verstecken und auf das Liebesverlangen mit einer analytischen Pirouette reagieren können. Freud hatte es in den *Studien über Hysterie* vorgemacht und dabei das Konstrukt der «falschen Verknüpfung» eingeführt. Demzufolge gilt das Begehren in der therapeutischen Beziehung nicht dem Analytiker, sondern ist von einem primären Liebesobjekt auf ihn verschoben worden. Der Wunsch wird in der Behandlung mit der falschen Person verknüpft und bei dieser, so Freud, «Mesalliance» wird derselbe Affekt wirksam, der sich bei einem anderen Beziehungsobjekt, in einer früheren Situation, nicht äußern durfte, der verdrängt werden mußte. Die Patientin ist einer «Täuschung» erlegen, und der Analytiker hat die Aufgabe, ihr zu sagen: ‹Sie lieben nicht mich ...› Als Mensch ist der Analytiker gar nicht gemeint.

So beschrieb Freud die analytische Situation schon 1895. Jung aber akzeptierte von Anfang an die Rollenteilung zwischen Arzt und Mensch nicht. Psychiatrie und Psychoanalyse interessierten ihn, weil er glaubte, auf diesen Gebieten die «Ganzheit seiner eigenen Persönlichkeit» einbringen und einsetzen zu können. Er wollte das Ganze des Menschen betrachten und mit seiner eigenen Ganzheit heilen. Der Psychotherapeut, sagt er später, habe sich gefühlsmäßig zu engagieren und nicht die Affekte beiseite zu schieben. Eine chirurgische Haltung lehnt er deshalb entschieden ab: «Es gibt Fälle, die man nicht heilen kann, ohne sich selber dranzugeben. Wenn es an die bedeutenden Dinge geht, ist es entscheidend, ob der Arzt sich selbst als einen Teil des Dramas begreift, oder ob er sich in seine Autorität hüllt.» Der Arzt müsse «selber getroffen» sein, nur dann könne er wirken. Und oft ist «der Patient gerade das richtige Pflaster für die schwache Stelle des Arztes (...). Daraus können schwierige Situationen entstehen auch für den Arzt, oder gerade für ihn.»

So steht es in Jungs *Erinnerungen*. Ob er dabei an Sabina Spielrein dachte? Vielleicht. Vielleicht aber auch an eine andere Patientin. «Die Frauen», schreibt Emma Jung 1911 an Freud, «sind natürlich alle verliebt in ihn.» Und so manche Frau stößt bei ihm auf Gegenliebe. Er selbst sieht sich dabei als Opfer seiner «polygamen Komponente». Jung kommt ohne Frauen nicht aus, er braucht nicht nur eine, sondern mehrere, braucht die verständnisvolle Gefährtin, die inspirierende Geliebte, die ergebene Mitarbeiterin. Immer ist er von einem ganzen Troß von Frauen umgeben, die er durch seine explosive Vitalität wie durch sein tiefes Wissen beeindruckt. Oft kommen die Frauen als Patientinnen zu ihm, werden dann Schülerinnen und manchmal auch Geliebte. 1916 gründen einige dieser Frauen einen Psychologischen Club. Initiatorin ist Toni Wolff, Tochter einer reichen Züricher Familie, die 1909 als Patientin zu Jung kam. Ebenso wie Spielrein ist auch sie schon nach kurzer Zeit geheilt und wird zur Schülerin und intimen Freundin. Vierzig Jahre bleibt sie Jungs engste Mitarbeiterin. Zu den führenden Damen zählen später auch Jolande Jacobi, die einführende Arbeiten in die Jungsche Psychologie schreibt, Hedwig von Beit und Marie-Louise von Franz, die sich der tiefenpsychologischen Interpretation der Märchen annehmen. Jede Frau erhält ihre Aufgabe, das kann jedoch nicht verhindern, daß es im Frauen-Staat um Jung zu Eifersüchteleien und Rangkämpfen

kommt. Manchmal kann Jung sich nur retten, indem er zu einer großen Reise aufbricht. Lästerliche Zungen sprachen angesichts der weiblichen Gefolgschaft von den ‹Jung-Frauen› oder den ‹Mänaden›. Besonders zahlreich erschienen sie auf den Eranos-Tagungen am Ufer des Lago Maggiore, in den dreißiger Jahren von Olga Fröbe-Kapteyn organisiert. Die Frauen «hingen an ihm wie eine Traube», berichtet Aniela Jaffé, die nach dem Tod von Toni Wolff zur engen Mitarbeiterin aufrückte. Das Schicksal dieser Frauen und Jungs beruflicher Erfolg sind aufs engste miteinander verknüpft. Denn da die Frauen – Jung zufolge – selbst nicht schöpferisch sein können, besteht ihre vornehmste Aufgabe darin, die kreative Potenz des Mannes zu befruchten. «Ich hatte hauptsächlich weibliche Analysanden, die öfters außerordentlich gewissenhaft, verständnisvoll und intelligent auf die Arbeit eingingen. Sie haben wesentlich dazu beigetragen, daß ich in der Therapie neue Wege gehen konnte.»

Sabina Spielrein gehörte zu diesen Analysandinnen, die

Am Kongreß hätten «auch verschiedene Damen» teilgenommen – so steht es später im Protokoll über den III. Internationalen Psychoanalytischen Kongreß, der im September 1911 in Weimar stattfand. Von diesen Damen, es handelt sich um genau acht Frauen, stand die überwiegende Mehrzahl in enger Verbindung mit C. G. Jung. Von links Maria Moltzer (Zürich), Mira Gincburg (Schaffhausen), Lou Andreas-Salomé (Göttingen), Beatrice Hinkle (New York), Emma Jung (Küsnacht), M. von Staik (Berlin), Antonia Wolff (Zürich), Martha Böddinghaus (München). Eine Dame, die Jung avisiert hatte, fehlt jedoch: Sabina Spielrein. Sie konnte, sie wollte Jung nicht mehr sehen.

Jung neue Wege zu ihrer Behandlung bahnen; ganz ähnlich wie Berta Pappenheim bei Sigmund Freud. An Spielreins Fall kann Jung die Freudsche Hysterietheorie bewähren, und sie erinnert ihn an ein Motiv aus seiner frühen Lebensgeschichte, das ihn dann nicht wieder losläßt: die Verbindung von Sexualität und Kultur. Was jedoch zunehmend zu einem Problem in Spielreins Behandlung wird, ist das Übertragungsgeschehen.

Im Mai 1908 übernimmt Jung einen Fall, der ihm in dieser

Hinsicht eine ganz neue therapeutische Perspektive eröffnet. Diesmal handelt es sich aber nicht um eine Analysandin, sondern um einen berühmten Analysanden: Otto Gross. Durch die Ideen von Gross wird sich das Verhältnis Jungs zu Spielrein verwandeln. Am 11. Mai kommt Gross zur Behandlung ins Burghölzli, schon 1902 hatte er dort eine Morphium-Entziehungskur gemacht. Otto Gross war Arzt und Psychiater, arbeitete kurze Zeit als Assistent in der Klinik von Emil Kraepelin in München, praktizierte vorübergehend als Psychoanalytiker, war drogenabhängig und, als ihn Jung kennenlernte, eine bekannte Figur der literarisch-politischen Szene in Schwabing und Ascona. Aus der Freudschen Theorie leitet er kulturrevolutionäre Ideen ab. Vornehmlich ging es ihm um die Überwindung der patriarchalen Strukturen und damit um eine Befreiung von der herrschenden Sexualmoral, die, wie Gross meint, das Individuum in unlösbare Konflikte stürzt und krank macht. Vor allem die Frauen seien davon betroffen, denn sie hätten in der patriarchalen Gesellschaft wenig Chancen, sich frei und selbstbestimmt in der Liebe zu verhalten. Gross beläßt es nicht bei diesen allgemeinen Überlegungen. Er entwickelt bemerkenswerte Ideen, zum Beispiel zur Beziehung von Charaktertypus und Erkrankungsform, zur psychopathologischen Minderwertigkeit, und 1914 schreibt er sogar eine Arbeit «Über Destruktionssymbolik», die Spielreins 1912 erschienene Schrift «Die Destruktion als Ursache des Werdens» mit vielen Beobachtungen ergänzt. Gross zeigt in seiner Untersuchung die konstitutive Rolle von Vergewaltigungs- und Destruktionssymbolen bei der sexuellen Vereinigung, führt dies jedoch – anders als Spielrein – auf die patriarchalen Strukturen und den damit verbundenen «Willen zur Macht» zurück. Nicht nur mit seinen Ideen, sondern auch als Person wirkte Gross auf viele Menschen faszinierend, er besaß eine ungeheure Ausstrahlung und vor allem *lebte* er das, was er als Sexualimmoralist verkündete. Im selben Jahr, 1907, erwartete er von seiner Ehefrau Frieda und von seiner Geliebten Else Jaffé, die ältere der Richthofen-Schwestern, ein Kind. Beide Frauen waren befreundet, bringen einen Sohn zur Welt, beide nennen ihren Sohn Peter. Auch die jüngere Schwester von Else und spätere Ehefrau von D. H. Lawrence, Frieda von Richthofen, war eine Geliebte von Gross. Frieda Gross wiederum hatte ein Verhältnis mit dem Anarchisten Ernst Frick, und zeitweise praktizierte man mit Otto Gross eine Ehe zu dritt.

Gross sorgte immer wieder für Skandale. 1906 vergiftet sich in Ascona eine Patientin und Geliebte, Lotte Chattemer – die Mittel hatte Gross zur Verfügung gestellt; fünf Jahre später stirbt, wiederum in Ascona, Sophie Benz, Malerin, Patientin und Geliebte von Gross, an einer Überdosis Kokain. Gross kann sich vor der Schweizer Polizei in Sicherheit bringen, landet aber schließlich in einer psychiatrischen Anstalt. Seine Internierung und spätere Entmündigung wird vor allem auch von seinem Vater betrieben, dem Professor für Kriminalistik Hans Gross. Vater und Sohn führen zeitlebens eine erbitterte Auseinandersetzung.

Viele in der psychoanalytischen Bewegung, die Otto Gross kennen, sind von seinen Ideen begeistert, nehmen aber seinen Lebenswandel, seine Eskapaden, mit Bedauern zur Kenntnis. Typisch dafür Sándor Ferenczi, der 1910 an Freud schreibt: «Kein Zweifel: unter denen, die Ihnen bis jetzt folgten, ist er [Gross] der bedeutendste. Schade, daß er verkommen muß.»

Jung lernt Gross auf dem Amsterdamer Kongreß 1907 kennen. Beide sind von der Freudschen Theorie begeistert und kommen schnell ins Gespräch. Zum Thema wird, was Jung zu dieser Zeit auf den Nägeln brennt, die Übertragung. Und Gross erzählt aus dem Fundus seiner therapeutischen Erfahrungen. Jung nimmt diese Ideen mit einer Mischung von Faszination und Irritation auf. Als er aber im Mai 1908 Gross behandelt, gerät er schnell in dessen Bann. Eigentlich sollte Jung nur eine Entziehungskur mit ihm machen, Freud selbst – so war es abgesprochen – wollte Gross dann zur Analyse mitnehmen. Doch Jung war an diesem Fall so interessiert, daß er Gross gleich selbst analysierte. Ende Mai schreibt er an Freud: «Sie werden sich gewundert haben, daß ich in letzter Zeit so schreibfaul war. Ich habe alles liegengelassen und alle verfügbare Zeit, tags und nachts, an Gross gewendet um seine Analyse möglichst zu fördern.» Und die Behandlung nahm ganz ungewöhnliche Formen an: «Wo ich nicht mehr weiterkam», so Jung, «hat er mich analysiert.» Jung ist vom Zusammenspiel zwischen Patient und Analytiker begeistert und sieht sich in der Behandlung von Gross schon fast am Ziel. Mitte Juni aber bricht Gross die Therapie ab, klettert über die Mauer des Klinikgartens und ward im Burghölzli fortan nicht mehr gesehen. Jung ist gescheitert, und tief getroffen diagnostiziert er Gross als einen unheilbaren Fall –: Dementia praecox. An Freud schreibt er noch am selben Tag: «Für mich ist dieses Erlebnis eines der schwersten meines Lebens, denn in Gross erlebte ich nur allzuviele Seiten meines eigenen Wesens, so daß er mir oft vorkam wie mein Zwillingsbruder minus Dementia praecox.» Zu diesen Seiten, die er mit Gross teilte, gehört das schwierige Verhältnis zum Vater, über das sich beide während der Behandlung ausgiebig unterhalten; die Ideen, die sie dabei entwickeln, veröffentlicht Jung noch im selben Jahr unter seinem Namen in der Schrift: «Die Bedeutung des Vaters für das Schicksal des Einzelnen». Eine andere Entdeckung von Gross, die unmittelbar praktische Folgen hat, nennt Jung später seine «polygame Komponente». Über diesen Aspekt erzählt er auch in einer Behandlungsstunde Sabina Spielrein: «freudestrahlend» und in «tiefster Rührung» habe er von Gross berichtet, «von der großen Erkenntnis, die ihm nun aufgegangen ist (d. h. wegen der Polygamie), er will nun nicht mehr sein Gefühl zu mir unterdrücken; er gestand mir, daß ich (seine Frau natürlich ausgenommen) seine erste tiefste Freundin bin etc. etc., er will mir nun alles von sich erzählen.»

Eine Affäre

Von der Zurückhaltung, die sich Jung auferlegt hatte, vom Freudschen Reglement, blieb im Sommer 1908 nicht viel übrig. Aus der Patientin wird die Geliebte, mit der er sich heimlich trifft. Mehrere Briefe Jungs an Spielrein aus dieser Zeit haben sich erhalten, nicht jedoch Spielreins Briefe.

Am 20. Juni 1908, kurz nachdem Gross aus dem Burghölzli geflüchtet war, schreibt Jung an Spielrein: «Sie haben mein Unbewußtes mit Ihrem gepfefferten Briefe tüchtig in die Finger genommen.» Jung will ein klärendes Gespräch mit Sabina. Am Dienstag um 11 Uhr am Dampfschiffsteg an der Bahnhofstraße will er sie treffen: «Damit wir dann allein sind, um ungestört sprechen zu können, nehmen wir ein Boot und fahren auf den See hinaus. In der Sonne und auf der freien Wasserfläche läßt sich am besten die klare Richtung aus den Gefühlswirrnissen finden.» Aber die Dinge nehmen eine ungeahnte Wendung, das zeigt schon der nächste Brief, der mit der Anrede: «Meine liebe Freundin» beginnt. Jung schreibt, wie «schön der Eindruck war», den er beim letzten Treffen von ihr empfangen hat: «Ihr Bild hat sich ganz verwandelt.» Und er spricht von der Hoffnung, «einen Menschen lieben zu dürfen, den ich nicht verdammen muß und der sich nicht verdammt dazu, an der Alltäglichkeit der Gewöhnung zu ersticken.» Welche Rolle sie spielen, was sie für ihn sein soll? – Jung weiß es genau und formuliert seine Erwartungen: «Wie groß wäre mein Glück in Ihnen den Menschen zu finden, den ‹esprit fort›, der nie in Sentimentalität versandet, sondern dessen eigentliche und innerste Lebensbedingung die eigene Freiheit und Unabhängigkeit ist.» Sabina Spielrein soll für ihn keine «gewöhnliche Frau» sein, die von «Treue und anderen Unmöglichkeiten träumt», sondern eine «Ausnahme», das heißt eine Frau, die in der Liebe keinen Anspruch auf Bindung erhebt. Im Tagebuch von 1910 schreibt Sabina: «Obgleich er mich für ehrlich in der Liebe hält fand er, daß ich zu der Kategorie der Frauen gehören sollte, die nicht für das Muttersein, sondern für die freie Liebe geschaffen sind.» Wie sie 1908 diese Rollenzuschreibung aufgenommen hat, ist nicht bekannt, zwei Jahre später setzt sie sich dagegen zur Wehr: «Ich will Frau und Mutter sein und nicht eine zum Zeitvertreib.»

Im nächsten Brief vom 4. Juli 1908 schreibt Jung, ganz ekstatisch, von der «erlösenden» Wirkung eines tags zuvor geführten Gesprächs: «Ich fühle mich innerlich ruhiger und freier.» Vor allem aber ist in diesem Brief vom «Glauben» die Rede, vom Glauben an einen Menschen, der so handelt, wie er denkt, und der nur Gutes denkt. Jung scheint sich da aber nicht ganz sicher zu sein, denn er spricht auch von seinen «vielen Enttäuschungen». Das nächste Treffen soll in Rapperswil am Zürichsee stattfinden. Zwei Tage später, am 6. Juli, schickt er Spielrein erneut eine kurze Mitteilung: Er müsse am Dienstag in die Stadt, «bei dieser Gelegenheit könnte ich Sie treffen von 10 ½ Uhr an in den äußeren Partien des Utoquais, von wo aus Sie mich nach Burghölzli begleiten könnten».

Jung gerät im Juli immer mehr unter Druck, die Treffen mit Sabina Spielrein häufen sich, wichtige Arbeiten muß er verschieben, seine Frau muß er vertrösten, und die Korrespondenz mit Sigmund Freud – sie findet kaum noch statt. Jung beantwortet nur selten einen Brief und wenn, dann nach langen Pausen und mit vielen Entschuldigungen. Man schrieb sich sonst im Wechsel von ein paar Tagen. Im Juli erreicht Freud nur ein einziger Brief, und das war ein überaus merkwürdiges Schreiben: «Hochverehrter Herr Professor! Wiederum mußte ich Sie lange auf meine Antwort

Im Juni 1908 verabredeten sich hier, am Dampfschiffsteg an der Bahnhofstraße in Zürich, C. G. Jung und Sabina Spielrein. Sie machten eine Bootspartie auf dem Zürichsee: «In der Sonne und auf der freien Wasserfläche läßt sich am besten die klare Richtung aus den Gefühlswirrnissen finden», schrieb ihr Jung zuvor. Als sie wieder zurückkamen, waren sie ein Paar. «Wir haben uns kennengelernt, wir haben uns lieb gewonnen, ohne zu merken – wie», so Sabina Spielrein in ihrem Tagebuch.

warten lassen, was daher kommt, daß ich ein unfreier Mann bin, der sich in seinen Entschlüssen immer erst nach den Wünschen von fünf bis sechs andern Menschen zu richten hat.» Vom Urlaub seines Chefs, seinem demnächst anstehenden Militärdienst, seiner «elend kurzen Ferienzeit», schreibt er. Und vom «aufreibenden» Sommersemester. Auf die Fragen in den letzten Briefen sei er nicht eingegangen, weil er sie nicht als Fragen verstanden hatte: «Entschuldigen Sie bestens ...», «Verzeihen Sie ...», «Selbstverständlich maße ich mir nicht an …» –: Jung wirkte hilflos und zerfahren, er steckte offensichtlich in argen Nöten. Seinem Briefpartner ist das natürlich nicht entgangen. Freud, der Jung in der Zwischenzeit nicht mehr als Kollegen, sondern als «lieben Freund» anredet, schreibt ihm zurück, er möge sich in den Sommermonaten «erfrischen», ausdrücklich erkennt er die «harten Belastungen» an, die Jung auf sich genommen hat, er zweifle aber nicht an seiner «Kraft und Leistungsfähigkeit».

Die harten Belastungen – das war auch eine Anspielung auf Jungs neue Funktion. Im April 1908 fand der Erste Psychoanalytische Kongreß in Salzburg statt, dabei wurde das *Jahrbuch für Psychoanalytische und Psychopathologische Forschungen* aus der Taufe gehoben. Jung übernahm die Redaktion, Freud und Bleuler firmierten zusammen als Herausgeber. Damit wurde die Verbindung zwischen Wien und Zürich offiziell dokumentiert. An der herausgehobenen Stellung Jungs in der neuen Bewegung gab es nun keinen Zweifel mehr. Jung war jetzt, was Freud schon lange in ihm gesehen hatte, der «Mann der Zukunft». Aber konnte er sich in dieser Position eine Affäre mit einer Patientin leisten?

Spielrein fährt im August 1908 nach Rostow am Don und bleibt dort bis zum Anfang des Wintersemesters. Jung ist in dieser Zeit nervös, gereizt und kränklich. Als sich Spielrein nicht gleich meldet, schwant ihm nichts Gutes. Offenbar weiß er inzwischen, wie abhängig er ist. Als ihr Brief dann schließlich eintrifft, wirkt das wie eine Erlösung: «Ich fürchtete schon, es sei Ihnen etwas zugestoßen, oder der Teufel habe sonstwie die Hand im Spiele gehabt.» Wie aus dem Brief hervorgeht, hat Sabina ihren Eltern erzählt, daß sie auf freundschaftlicher Basis mit Jung verkehrt. Die Eltern sehen darin kein Problem. Jung ist erleichtert und preist die großzügige Gesinnung der Eltern, vor allem lobt er die Mutter, denn Frauen sind in solchen Dingen sonst oft konservativer, wie er meint. Im übrigen hätte er nun gemerkt, «daß doch sehr viel mehr von mir an Ihnen hängt, als ich jemals

«Er liebt sie; sie wird von ihm geliebt. Das ist die Geschichte meiner Eltern.» Familie Spielrein anläßlich des 25. Hochzeitstages der Eltern, 1909.

dachte. Ich bin nur immer furchtbar mißtrauisch und glaube immer, die andern Menschen wollten mich bloß ausnützen und tyrannisieren. Den Glauben an die natürliche Güte des Menschen, den ich so oft verkünde, kann ich selber nur mit Mühe haben. Was aber ja nicht für Sie gelten soll!» Wie mißtrauisch und beunruhigt er war, zeigt ein unvermittelt eingerückter Hinweis an Sabina, eine neue Patientin von ihm, eine Polin, würde jetzt in Zürich in ihrer Nähe wohnen: «Also Vorsicht!» Gleichwohl will er die Affäre offenbar nicht beenden: «Es küßt Sie herzlich», endet das Schreiben. Wie aus einem Brief Jungs vom 2. September hervorgeht, hat ihm Sabina dann einige Fotos von sich geschickt und von ihren Problemen erzählt, die sie mit ihrer Familie und den Lebensumständen in Rostow hat.

Mitte September gab es für Jung ein großes Ereignis: Freud hatte für die Tage vom 18. bis zum 21. seinen Besuch angekündigt. «Ich bringe eine ganze Menge von Absichten mit», schrieb Freud im August, «vor allem, den Groll zu zerstören, der sich zwischen zwei Personen, die voneinander viel verlangen, im Laufe des Jahres notwendigerweise niederschlägt». Karl Abraham, der jetzt in Berlin eine eigene Praxis betrieb, hatte Freud im Juli gewarnt, daß man sich im Burghölzli von der Psychoanalyse abzusetzen beginne; Freud sei dort «so etwas wie ein überwundener Standpunkt», und Jung hätte seine «alten spiritistischen Neigungen» wieder entdeckt. Auch Freud war mit einigen Andeutungen in Jungs Arbeiten gar nicht zufrieden, aber an eine gegenteilige Wende in der Gesinnung mochte er zu dieser Zeit nicht glauben; er nahm den Bericht darum eher als Beleg für Abrahams Ressentiments gegenüber Jung. Schon im Mai hatte er Abraham aufgefordert, toleranter zu sein: Abraham solle nicht vergessen, daß er es als Jude leichter hat, die Psychoanalyse zu akzeptieren, als Jung, der «als Christ und Pastorensohn nur gegen große innere Widerstände den Weg zu mir findet.» Der Anschluß Jungs sei darum von besonderem Wert.

Freuds Besuch in Zürich gestaltete sich weitaus angenehmer, als es die Vorzeichen vermuten ließen. Jung brachte seinen Gast in der eigenen Wohnung unter und führte mit ihm lange Gespräche, die scheinbar im tiefsten Einvernehmen endeten. Noch ganz im Bann der Ereignisse schreibt Jung am 28. September an Spielrein: «Prof. Freud war längere Zeit bei mir. Bei dieser Zusammenkunft hatte ich eigentlich zum ersten Male Gelegenheit, diesen großen Mann, losgelöst von seinem Milieu, in meiner Welt zu sehen und so viel tiefer zu verstehen als früher. Er ist wirklich ein großer und guter Mensch, der vermöge seiner wunderbaren Menschenkenntnis und Lebenserfahrung ungleich weiter sieht als ich.» Bisher habe er Freud bewundert, jetzt hätte er ihn «liebgewonnen». Am Schluß fragt Jung: «Wie geht es Ihnen? Leben Sie ruhig? Wie denken Sie über Ihr Schicksal? Ich bin oft in Sorge Ihretwegen, bald wegen der ...» – an dieser interessanten Stelle bricht der Brief ab, der Rest des Textes fehlt.

Als Spielrein zu Beginn des Wintersemesters zurück nach Zürch kommt, geht die Affäre weiter. Aus diesen Wochen hat sich nur ein Schreiben Jungs vom 4. Dezember erhalten. Es ist eines der merkwürdigsten Dokumente, bei dem ebenfalls der Schluß fehlt. Der Brief beginnt mit Selbstbekenntnissen der eigenen Schuld, des eigenen Fehlens: «Ich bereue vieles und bereue meine Schwäche und verdamme das Schicksal, das mir droht. Ich fürchte für meine Arbeit, für mein Lebensziel, für all die hohen Bestimmungen, die eine werdende neue Weltanschauung mir zeigt.» Dann schreibt er von seiner «empfindsamen Seele», von seiner Verletzlichkeit, seiner «bis auf den Grund» gerissenen Stimmung. Dann folgen wieder Bekenntnisse: «Ich, der ich die Stärke vieler Schwachen sein sollte, bin der Schwächste. Werden Sie mir verzeihen, daß ich bin, wie ich bin? Daß ich Sie dadurch beleidige und der Pflichten des Arztes Ihnen gegenüber vergesse?»

Das Eingeständnis von Schuld und Schwäche ist nicht ganz uneigennützig – Jung will eine Gegenleistung von seiner Geliebten, bevor er sich von ihr trennt, möchte er ein Versprechen, eine Erklärung: «... werden Sie niemals sich dafür an mir rächen, weder mit Worten, noch mit Gedanken und Gefühlen?» Er schlägt ein Treffen am Dienstag vormittag in ihrer Wohnung vor: «Ich möchte bestimmte Abmachungen, daß ich ruhig sein kann über Ihre Absichten. Sonst leidet darunter meine Arbeit, und die erscheint mir wichtiger, als die momentanen Probleme und Leiden der Gegenwart. Geben Sie mir in diesem Augenblicke etwas zurück von der Liebe und Geduld und Uneigennützigkeit, die ich Ihnen zur Zeit Ihrer Krankheit geben konnte. Jetzt bin ich krank.»

Der Brief steht nicht nur im Zusammenhang mit einer vorangegangenen «Szene». Daß Jungs Stimmung «zerrissen» ist, hat mit einem anderen Ereignis zu tun. Er schrieb den Brief unmittelbar nach der Geburt seines Sohnes Franz. Damit ging für Jung ein langgehegter Wunsch in Erfüllung, der, wie er Freud gegenüber eingestand, die Dimension eines Komplexes angenommen hatte. Nicht von ungefähr ist er so bereitwillig auf die Siegfried-Phantasie Spielreins eingegangen. Doch nun kam dieser Sohn nicht von Spielrein, sondern von seiner Frau, und er hatte zu gleicher Zeit eine Affäre. Natürlich traf ihn das, aber doch nicht so, daß er deshalb die Beziehung zu Spielrein abgebrochen hätte. «Mein Unglück ist», schrieb er im Brief vom 4. Dezember, «daß ich des Glückes der Liebe, der stürmisch ewig wechselnden Liebe, für mein Leben nicht entraten kann.» Er kann nicht auf die Liebe verzichten, gleichzeitig fühlt er sich schuldig, vor allem aber fürchtet er den Skandal. Jung verstrickte sich immer mehr in Widersprüche, und zugleich ließ er die Dinge treiben.

Aller Wahrscheinlichkeit nach war es seine Frau, die dann Anfang 1909 das Heft in die Hand nahm. Im Januar erhält Sabina Spielreins Mutter in Rostow einen anonymen Brief, darin stand, daß ihre Tochter in Gefahr sei, ihren guten Ruf zu verlieren. Von Tugend und Moral war die Rede. Die Mutter reagiert sofort und schreibt Jung, in dem sie bislang den Retter ihrer Tochter gesehen hatte, ein paar ernste und sorgenvolle Zeilen, appelliert an sein Gewissen, seine Verantwortung als Arzt. Spätestens jetzt wurde Jung klar, was auf dem Spiel stand. Er steckte in der Klemme, aber er verstieg sich obendrein noch zu der Auffassung, er sei der Verletzte und nahm sich das Recht heraus, nun seinerseits verletzend und beleidigend zu werden. An die Mutter schrieb er: «Ich bin ihr also vom Arzte zum Freunde geworden, indem ich aufhörte, mein eigenes Gefühl in den Hintergrund zu drängen. Meine Rolle als Arzt konnte ich um so leichter aufgeben, da ich mich ärztlich nicht verpflichtet fühlte, denn ich habe nie Honorar verlangt. Dieses letztere ist es, welches die Grenzen, die dem Arzte gezogen sind, deutlich markiert.» Bei einem Mann und einem Mädchen, die freundschaftlich miteinander verkehren, könne es eben zu «weiteren Konsequenzen» kommen. «Der Arzt aber kennt seine Grenzen und wird sie nie überschreiten, denn er ist für seine Mühe *bezahlt*. Das legt ihm die nötige Beschränkung auf.» Wenn er sich auf seine Stellung als Arzt beschränken soll, dann müsse sie ihn entsprechend entschädigen: «Mein Honorar beträgt Fr. 10 pro Konsultation. Ich rate Ihnen, auf die prosaische Lösung einzugehen, denn sie ist die vorsichtigere und schafft für die Zukunft keine Verbindlichkeiten.» Die Spielreins waren reiche und angesehene Leute. Daß sie die Bemühungen Jungs um ihre Tochter nicht honoriert haben sollen, klingt unwahrscheinlich. In seinem Brief an Freud schreibt Sabina Spielrein im Juni 1909, daß ihre Eltern die Behandlung nicht als «Geschenk» angenommen haben. Sie weist aber gleichzeitig auf ein Faktum hin, auf das Jung in seinem Brief möglicherweise abhebt: «In letzter Zeit wurde natürlich die Geschichte kompliziert (weil er eben nicht mehr als Arzt figurierte).» Für Spielrein gehörten die Stunden, die sie mit Jung verbrachte, nicht mehr zur Behandlung; für Jung dagegen waren die ‹Liebesstunden› immer auch Behandlungsstunden, die er ‹umsonst› gab ...

Auf die nicht überlieferte Antwort der Mutter reagiert Jung im Ton immer noch selbstgerecht, aber er fühlt sich doch zu Erklärungen genötigt, die sich unschwer als Geständnis eines intimen Verhältnisses lesen lassen: «Ich habe Ihrer Tochter immer gesagt, daß das Sexuelle ausgeschlossen sei und daß ich bloß mit meiner Handlungsweise meinem Gefühle der Freundschaft Ausdruck verleihen wollte. Als dies geschah, befand ich mich in einer sehr weichen und mitleidigen Stimmung, und ich wollte Ihrer Tochter einen starken Beweis meines Vertrauens, meiner Freundschaft geben, um sie dadurch innerlich zu befreien. Das war nun allerdings ein großer Irrtum, den ich sehr bereue.»

Sabina Spielrein erschien nicht zu den nächsten regelmäßig vereinbarten Behandlungsstunden. Erst am 26. Februar 1909 entschließt sie sich, Jung wieder aufzusuchen. Sie erwartet Erklärungen, vielleicht sogar eine Entschuldigung, aber sie bekommt «eine lange Predigt» darüber zu hören, was er einst für sie getan hat: «... ja nun kam es so heraus, daß er wieder Arzt ist. Ja! Er meint er habe eine Dummheit begangen; das hat mir nicht gut getan; ich will jetzt zu viel, weil er zu gut zu mir war usw. Wer nur ein bißchen in die Seele des anderen blicken kann, der wird begreifen, daß mir die Sinne vergingen.» Es muß dann zu einer heftigen Szene gekommen sein: «Ich stand mit einem Messer in der linken Hand und weiß nicht, was ich damit wollte; er hat mich bei der Hand gefaßt, ich wehrte mich; weiter weiß ich nichts. Er wurde ganz blaß, hielt sich an der linken Schläfe: ‹Sie haben mich geschlagen.› Ich wußte nichts davon, saß im Trame mit zugedecktem Gesicht und weinte in Strömen. Es wunderte mich nur, daß einige fragten, ob ich verletzt sei etc.» Erst langsam kommt ihr alles zu Bewußtsein. Sie versucht an Jung zu schreiben, will ihren Zustand erklären, schickt dann aber doch den Brief nicht ab. In dieser Situation erscheint ihr zum erstenmal Freud «als ein Rettungsengel».

Genau zu dieser Zeit, Ende Februar 1909, hört Freud davon, daß Jung in irgendwelche Geschichten verstrickt sei und berufliche und private Sorgen habe. «Auf meine familiären Nachfragen», schreibt er am 24. Februar an Jung, «haben Sie nur indirekt geantwortet. Ich hoffe, es ist alles wohl.» Als Jung auch daraufhin nicht reagiert und ganz in Schweigen zu verfallen droht, schickt Freud Anfang März ein Telegramm. Jung entschließt sich nun, den Vorhang des (Ver-)Schweigens ein wenig zu lüften und sich mit ein paar Geständnissen Erleichterung zu verschaffen. Nach einem Präludium mit vielen Entschuldigungen kommt er schließlich zum Punkt: «Zu guter Letzt oder vielmehr zu schlimmer Letzt nimmt mich gegenwärtig ein Komplex furchtbar bei den Ohren; nämlich eine Patientin, die ich vor Jahren mit größter Hingabe aus schwerster Neurose herausgerissen habe, hat mein Vertrauen und meine Freundschaft in denkbarst verletzender Weise enttäuscht. Sie machte mir einen wüsten Skandal ausschließlich deshalb, weil ich auf das Vergnügen verzichtete, ihr ein Kind zu zeugen.» Natürlich hätte er sich, wie er Freud versichert, zu nichts hinreißen lassen und sei «immer in den Grenzen des Gentleman» geblieben, vor seinem «zu empfindsamen Gewissen» aber fühle er sich «doch nicht sauber». Jung beteuert seine Unschuld und versucht Freud zu vereinnahmen: «Aber Sie wissen es ja, daß der Teufel auch das Beste zur Schmutzfabrikation verwenden kann.» Freud antwortet postwendend. Von einer Patientin, die behaupte, Jungs Geliebte zu sein, sei «eine Kunde» auch zu ihm gedrungen. Doch er habe der Sache natürlich keinen Glauben geschenkt. Mit solchen Anschuldigungen müsse man leben: «Verleumdet und von der Liebe, mit der wir operieren, versengt zu werden, das sind unsere Berufsgefahren, derentwegen wir den Beruf wirklich nicht aufgeben werden.» Jung spielt den Unschuldigen und beteuert, daß ihm die Geschichte, die man da über ihn kolportiert, «ganz dunkel» sei, er habe nie eine Geliebte gehabt und sei «überhaupt der denkbar harmloseste Ehemann». Doch in Wirklichkeit hatten ihn Freuds Andeutungen in Panik versetzt und seine schlimmsten Befürchtungen bestätigt; für ihn war der Fall klar: Sabina Spielrein hatte ihn verraten. Später stellt sich heraus, daß sich die von Freud vernommene «Kunde» keineswegs auf Sabina, sondern auf eine andere Patientin bezog. Für Freud war es zunächst unerheblich, wer diese Patientin war. Merkwürdig berührt zeigt er sich jedoch von dem «theologischen Stil», in dem das Schreiben abgefaßt ist. In Jungs Brief ist mehrfach vom Teufel und von der Hölle die Rede, von der Reinheit seines Gewissens und von den Prügeln, die ihm das Schicksal zugedacht hat. Was Freud mehr als alles andere befürchtet, ist ein Rückfall Jungs in ein religiöses Denken. Das Ganze sei völlig harmlos, versichert Jung in seiner Antwort, es sei ihm einfach «so zumute» gewesen. Am Schluß des Briefes fällt ihm dann noch eine andere Begründung ein: Möglicherweise «stammt ein großer Teil meiner ‹Theologie›» aus einem gerade gelesenen Roman: E. T. A. Hoffmanns *Elixiere des Teufels*.

Das war allerdings ein merkwürdiger Zufall. In Hoffmanns Roman gerät ein Mönch auf Abwege. Durch den Genuß eines Elixiers werden sinnliche Begierden in ihm wach, und er verfällt einer verbotenen Liebe. Die entfachte Leidenschaft läßt ihn alles vergessen, sein heiliges Gelübde, seine Pflichten, Anstand und Moral. Er weiß schließlich selbst nicht mehr, wer und was er ist: «Ich bin das, was ich scheine, und scheine das nicht, was ich bin, mir selbst ein unerklärliches Rätsel, bin ich entzweit mit meinem Ich!» Jung erkannte sich natürlich sofort in diesem literarischen Phantasma wieder. Die Spaltungserfahrung, die Hoffmann an Medardus beschreibt, ist eben jene, die er an sich selbst erlebt und später als «Spiel und Gegenspiel zwischen den Persönlichkeiten Nr. 1 und Nr. 2» formuliert. Medardus kommt erst wieder zur Ganzheit durch das Aufzeichnen seiner Schicksale, durch das Werk, in dem er seine Erfahrungen niederlegt und das zugleich Lebensbeichte ist. Auch Jungs Weg zur Ganzheit führt über seine individuellen Erfahrungen, ist ein Prozeß des Überführens und Zusammenführens abgespaltener Teile des Ichs, über die er im Werk Rechenschaft ablegt.

Im Jahre 1909 hat er das Projekt zur «Selbstwerdung» noch nicht entworfen, aber er sucht in seiner Existenz um diese Zeit das wiederzugewinnen, was er später als «Gleichgewicht» und «Mitte» beschreibt. Jung will beruflich endlich auf eigenen Füßen stehen. Im Januar 1909 unterbreitet er Bleuler seine Kündigung. Ende März schied er aus dem Burghölzli aus; seine Stelle als Privatdozent an der Universität

Zürich behielt er noch bis zum April 1914. Der Umzug in das neue Haus in Küsnacht, wo Jung eine große Privatpraxis eröffnet, steht im Frühjahr 1909 unmittelbar bevor. Die Affäre mit Spielrein schien überstanden. Und einigermaßen frohgemut fährt Jung Ende März zusammen mit seiner Frau zu einem zweiten Besuch zu Freud nach Wien. Die Stimmung scheint bei diesem Treffen nicht ganz so gut gewesen zu sein. Jung kommt am letzten Abend auf sein Spezialgebiet zu sprechen, den Spiritismus und die okkulten Phänomene, und er macht dabei Andeutungen über die Konzeption des Unbewußten, die Freud aufs höchste irritieren. Und diese Irritationen setzen sich im Briefverkehr fort. Jung entschuldigt sich zwar im nächsten Schreiben etwas halbherzig für seine «Spiritisterei», aber dann spricht er doch von den «prospektiven Tendenzen», die im Menschen liegen, und stellt der Psychoanalyse die «Psychosynthese» gegenüber, «die nach gleichen Gesetzen Zukünftiges schafft». Und ganz en passant erwähnt er, daß er sich an diesem letzten Abend seines Besuchs «innerlich glücklichst» vom «drückenden Gefühl» der Freudschen «Vaterautorität» befreit hat. «Mein Unbewußtes hat diesen Eindruck durch einen großen Traum gefeiert.»

Das waren merkwürdige Botschaften für Freud. Ebenso merkwürdig berührte ihn Anfang Juni die Botschaft einer Person, die, wie sie schrieb, als Unterärztin am Burghölzli arbeitete: «Sehr geehrter Herr Professor! Ich wäre Ihnen sehr dankbar, wenn Sie mir eine kleine Audienz erteilen könnten! Es handelt sich da um eine für mich äußerst wichtige Angelegenheit, welche zu vernehmen Sie wahrscheinlich interessieren wird.» Unterschrieben war der Brief mit Sabina Spielrein. Freud hatte den Namen zuvor noch nie gehört und schickt das Schreiben umgehend mit ein paar Zeilen an Jung: «Sonderbar! Was ist das? Wichtigtuerei, Tratschsucht oder Paranoia? Ich bitte Sie, mir in einigen Worten telegraphisch Bescheid zu geben, wenn Sie etwas über die Schreiberin wissen oder sonst ein Urteil haben.» Noch am selben Tag schickt Jung ein Telegramm und einen ausführlichen Brief. Er versucht sich selbst zu retten und gerät dabei immer mehr ins Zwielicht. Sabina Spielrein sei sein «psychoanalytischer Schulfall» gewesen, und er habe ihr deshalb «eine besondere Dankbarkeit und Affektion» bewahrt. Um sie vor einem Rückfall zu schützen, hätte er sich mit ihr befreundet. «Sie hatte es natürlich planmäßig auf meine Verführung abgesehen, was ich für inopportun hielt. Nun sorgt sie für Rache.» Wie Gross sei auch Spielrein «ein Fall von Vaterbekämpfung», den er «gratissime (!)» hätte heilen wollen und von dem er aufs schmerzlichste enttäuscht wurde.

Alles, was Freud in diesem Brief lesen konnte, mußte ihm zeigen, daß Jung tiefer in der Sache verstrickt war, als er zugeben wollte. Er hätte ihn zur Rede stellen, ihn auf das Reglement hinweisen müssen. Doch Freud bestätigt Jung die Erfahrung des planmäßigen Verführtwerdens mit eigenen Erlebnissen: «Das großartigste Naturschauspiel bietet die Fähigkeit dieser Frauen, alle erdenklichen psychischen Vollkommenheiten als Reize aufzubringen, bis sie ihren Zweck erreicht haben. (...) Ich selbst bin zwar nicht ganz so hereingefallen, aber ich war einige Male sehr nahe daran und hatte a narrow escape.» Und einschränkend fügt Freud noch hinzu, daß er zu Beginn der Analysetätigkeit eben schon zehn Jahre älter gewesen sei, was ihn vor solchen Erlebnissen bewahrt habe. «Es schadet aber nichts», ruft er seinem Kollegen zu, «es wächst einem so die nötige harte Haut, man wird der ‹Gegenübertragung› Herr». Gegenübertragung – darunter versteht Freud den Einfluß des Patienten auf die unbewußten Gefühle des Arztes. Damit war ein Begriff gefunden, der die Affäre in ein neutrales, theoretisches Konstrukt umschreibt.

Freuds Blick war auf Größeres gerichtet, er dachte an das Wohl seiner Bewegung und stellte sich schützend vor seinen Kronprinzen. An Sabina Spielrein schreibt er am 8. Juni, daß

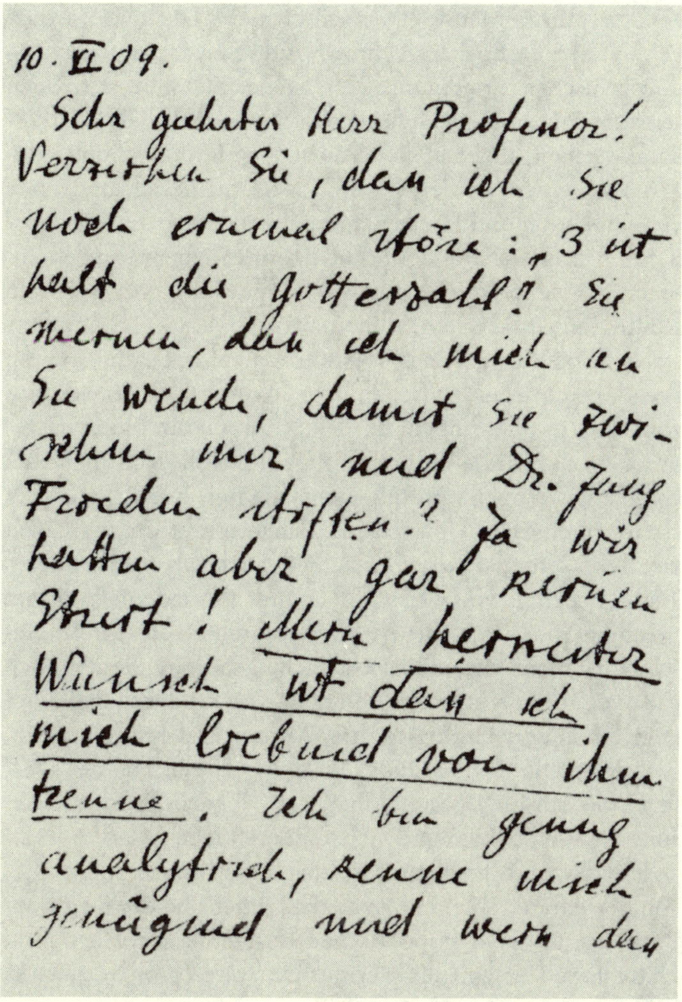

10. VI 09.

Sehr geehrter Herr Professor!
Verzeihen Sie, dass ich Sie noch einmal störe: „3 ist halt die Götterzahl!" Sie meinen, dass ich mich an Sie wende, damit Sie zwischen mir und Dr. Jung Frieden stiften? Ja wir hatten aber gar keinen Streit! Mein heissester Wunsch ist dass ich mich liebend von ihm trenne. Ich bin genug analytisch, kenne mich genügend und wenn dass

«Mein heißester Wunsch ist, daß ich mich liebend von ihm trenne.» Der zweite Brief Spielreins an Sigmund Freud – sie schreibt ihn an mehreren Tagen, in immer neuen Anläufen erzählt sie die Geschichte ihrer Liebe zu Jung.

er «dem jungen Manne etwas schwärmerische Überschwenglichkeit nicht schwer anrechne». Und er rät ihr zu einer «endopsychischen Erledigung» der Sache. Sie solle sich doch selbst prüfen, «ob die Gefühle, welche diese Beziehung überdauert haben, nicht etwa verdienen, unterdrückt und erledigt zu werden, in der eigenen Seele meine ich und ohne äußere Aktion und Heranziehung dritter Personen». Öffentliches Aufsehen hätte der Sache unermeßlichen Schaden zufügen können. Freud will, was schon Jung von Spielrein wollte, ihr Versprechen, stillzuhalten.

Und Spielrein gibt das Versprechen ab. In einem Brief an Freud, geschrieben zwischen dem 10. und 14. Juni, weist sie zunächst das Ansinnen zurück, ihre Gefühle zu unterdrücken, das würde ihr nicht helfen, sie wolle sich «liebend» von Jung trennen. Freuds nonchalanter Begriff von der «schwärmerischen Überschwenglichkeit» war ihr aber doch zu stark. Offenbar stellte er sich die Sache als ein harmloses Techtelmechtel vor. Oder tat er nur so? Jedenfalls öffnet Spielrein ihm jetzt die Augen, sie erzählt die ganze Geschichte, nicht chronologisch, nicht geordnet, sie läßt sich ganz von ihrer Wut leiten, von dem, was ihr durch den Kopf geht: Sie zitiert die Briefe ihrer Mutter und Jungs Reaktionen, zitiert Stellen aus Jungs Briefen, schreibt von der Ohrfeige, die sie Jung gegeben hat, vom Tagebuch, das sie von Jung zu lesen bekam und vieles andere mehr.

Freud wußte jetzt einiges, aber noch immer nicht alles von der Affäre. Spielrein hatte die Dimension der Siegfried-Phantasie in der therapeutischen Beziehung nicht erwähnt. Hätte Freud es gewußt, vermutlich wäre er nicht ganz so leicht und unbedenklich zur Tagesordnung übergegangen, wie er es jetzt tat: «Mit einem leisen Stirnrunzeln über den Widerstand der Materie setzt der Forscher seine Arbeit fort», zitiert er Ferdinand Lassalle in einem Bief an Jung vom 18. Juni.

Einen Tag später, am 19. Juni, sucht Spielrein Jung auf und

spricht sich mit ihm aus. Jung muß ihr zusagen, Freud «von allem (...) ehrlich zu schreiben». Am 21. Juni schreibt Jung diesen Brief im Stil eines Widerrufs: Die Anschuldigungen, die er, «aus erklärlichem Beziehungswahn», gegenüber Sabina Spielrein erhoben hätte, entbehrten jeder Grundlage, er nehme sie zurück. «Ferner hat sich Frl. Spielrein in bester und schönster Weise von der Übertragung freigemacht und keinerlei Rückfall erlitten.» Auch hätte sie, mit dem Kontakt zu Freud, nie die Absicht einer Intrige gehabt. «Ohne in eine hilflose Reue zu verfallen, beklage ich doch die Sünden, die ich begangen, denn ich bin in weitem Maße an den hochgehenden Hoffnungen meiner ehemaligen Patientin schuldig.» Und Jung geht – gezwungenermaßen? – in die Einzelheiten: «das Problem des Kindes» wäre zwischen ihnen besprochen worden, auch alle anderen Wünsche und Hoffnungen hätte er auf seine Patientin verschoben, am Ende habe er gedacht, er sei «das Opfer der sexuellen Nachstellungen» seiner Patientin, und in diesem «Wahne befangen» hätte er jenen Brief an die Mutter geschrieben – «eine durch die Angst eingegebene Schufterei, die ich Ihnen als meinem Vater sehr ungern gestehe». Schließlich bittet er Freud, «Frl. Spielrein» mitzuteilen, daß er (Freud) nun «vollends unterrichtet» sei. Der letzte Akt im Krisenmanagement ist für Freud jetzt nur noch eine Formsache, die er mit der ihm eigenen Grandezza bewältigt. Er schreibt Spielrein am 24. Juni ein paar liebenswürdige Zeilen zur Genugtuung, bittet nun seinerseits um Entschuldigung, weil er einiges zu «Ihrem Nachteil konstruiert habe», und schließt mit dem – bei objektiver Betrachtung – zynischen Satz: «Nehmen Sie den Ausdruck meiner vollen Sympathie für die würdige Art, wie Sie den Konflikt gelöst haben.» Ein paar Tage später kann er Jung mitteilen, daß sich nun alles wieder im Lot befindet. Mit leisem Triumphgefühl schließt Freud die Akte: «Der Abschluß ist doch ein für alle Parteien befriedigender.»

Zu den Wahrheiten des Ursprungs

«Sie ist etwas nervös, hat aber fleißig gearbeitet. Ich kenne sie auch sonst als ein Fräulein von gutem Ruf, hoher Intelligenz und großem wissenschaftlichem Interesse.» Zu diesem Urteil über Sabina Spielrein kommt Eugen Bleuler in einem Empfehlungsschreiben für die Universität Heidelberg. Das Schreiben ist auf den 16. Oktober 1909 datiert. Sabina Spielrein ist fest entschlossen, Zürich zu verlassen.

Im Sommer hatte sie mit ihren Eltern die Ferien verbracht. In dieser Zeit begann sie Tagebuch zu schreiben, um, wie sie sagt, mit sich selbst zu reden: «Es ist mir so unheimlich schwer zumute.» Die Liebe zu Jung will sie aufgeben, eine «reine Freundschaft» möchte sie und, wenn es geht, «sein inspirierender Geist» werden. Ein paar Zeilen später aber spricht sie doch wieder von Liebe und davon, daß die Beziehung zu Jung wenigstens so lange dauern soll, bis sie einen anderen Mann gefunden hat. Auf diesen wenigen Seiten aus den Monaten August und September wechseln Gefühle von Niedergeschlagenheit und Überschwang. Und immer wieder fragt sie sich, wie es weitergehen soll.

Anfang Oktober ist sie – möglicherweise auch auf Druck der Eltern – entschlossen, Zürich zu verlassen. Es kommt dann aber doch anders. Eugen Bleuler, der sicher ahnte, vielleicht sogar genau wußte, wie es um sie stand, hat ihr in dieser Zeit den Rücken gestärkt. Und zwar durchaus auch gegen Jung, der in den letzten Jahren merklich an Ansehen bei seinem Lehrer eingebüßt hatte. Bleuler nannte Jung ironisch eine «wissenschaftliche Größe», und Jung seinerseits hielt Bleuler für eine anachronistische Figur, über die er sich in

Briefen und Gesprächen lustig machte. Spielrein ertrug es gar nicht, wenn Jung so über seinen alten Lehrer sprach, sie mochte Bleuler, achtete ihn als Wissenschaftler und vertraute ihm. Als er sich darum bereit erklärt, ihre Dissertation zu betreuen, schöpft sie wieder Hoffnung.

Folgt man ihren Aufzeichnungen aus den Jahren zwischen 1906 und 1908, dann ist das sie eigentlich interessierende Thema die im Sexualtrieb enthaltenen Vernichtungs- und Zerstörungsphantasien. In einer umgreifenden Lektüre ist sie diesem Zusammenhang nachgegangen, hat Beispiele aus Literatur, Philosophie, Kunstgeschichte und Mythologie zusammengetragen. Sie ist auf dem Weg, dieses Material darzustellen, ihre Ideen und Gedanken klarzulegen. Das zeigt auch eine Stelle aus einem Briefentwurf an Freud aus dem Sommer 1909. Sie zitiert aus dem *Faust* den Satz: «Ein Teil von jener Kraft, die stets das Böse will, und stets das Gute schafft.» Diese «dämonische Kraft», so setzt Spielrein auseinander, sei die zerstörende (das Böse) und «zugleich auch die schöpfende Kraft», «indem aus der Vernichtung (von zwei Individuen) ein neues entsteht. Das ist eben der Sexualtrieb, der seinem Wesen nach ein Zerstörungstrieb, ein Vernichtungstrieb für das einzelne Individuum ist und daher auch meiner Ansicht nach einen so großen Widerstand bei jedem Menchen zu überwinden hat; doch das noch einmal hier beweisen zu wollen würde viel zuviel Zeit bei Ihnen in Anspruch nehmen.» Spielrein will es in ihrer Doktorarbeit beweisen. Aber auch aus diesem Plan wird nichts – zunächst jedenfalls. Ihr Doktorvater Bleuler ist mit dem Thema nicht einverstanden und möchte, daß sie eine klinische Fallgeschichte zur Grundlage ihrer Arbeit nimmt. So setzt sie sich im Herbst 1909 an ein Thema, das zumindest formal in enger Beziehung zum Burghölzli steht: *Über den psychologischen Inhalt eines Falles von Schizophrenie (Dementia praecox)*. Einleitend schreibt sie, selbstbewußt und kraftvoll: «Ich habe mir vorgenommen einen Fall paranoider Demenz zu untersuchen, und zwar zunächst ohne Rücksicht auf bestehende Lehrmeinungen, einzig geleitet von der Absicht, einen vertieften Einblick in die Seelenvorgänge dieser Kranken zu gewinnen.» Die Patientin, dessen Fall Spielrein vorstellt, war eine intelligente, literarisch interessierte, sehr religiöse Frau mit zeitweise schweren psychischen Störungen. Ihre Äußerungen scheinen wirr und unverständlich. So spricht sie davon, daß sie «katholisiert» würde. Aus der Krankengeschichte ist bekannt, daß ihr Mann katholisch war und sie Protestantin. Die Frage Spielreins, was sie denn unter «Katholisierung» verstehe, beantwortet die Patientin mit einem «Gedankengemisch». An der Oberfläche beziehen sich die Gedanken auf Literatur, Kunst und Religion, es handelt sich aber – wie Spielrein herausfindet – um eine uneigentliche Redeweise, die immer auch dazu dient, Sexuelles auszudrücken. In der Sprache der schizophrenen Patientin – man mag kaum an einen Zufall glauben – kommt auch das Wort «Poesie» vor, für das Spielrein folgende Erklärung gibt: «Über einem schönen Bilde kann man zur Poesie werden, vielleicht Pflicht vergessen», sagt die Patientin. «Die Phrase ‹Pflicht vergessen›», so Spielrein, «im Mund einer Ehefrau läßt das erotische Element in ‹Poesie› unverhüllt durchblicken, so daß wir ‹Poesie› = ‹verliebt› setzen dürfen.» Wie Spielrein im weiteren zeigt, ist die Religion für die Patientin ein «Symbol der Sexualität». Mit dem Verbum «katholisiert» drückt sie die angstbesetzte Vorstellung einer Überwältigung und Verunreinigung durch den Mann aus. Die Wahnvorstellungen der Patientin sind in Wirklichkeit nicht unsinnig, sondern folgen den gleichen Gesetzen wie der Traum, der – und Spielrein verweist auf Freud – sich als sinnvolles psychisches Gebilde verstehen läßt.

In den Äußerungen dieser Patientin kommen häufig die Ärzte aus dem Burghölzli vor: Auguste Forel und vor allem Dr. Jung, in den sie offenbar verliebt ist und den sie zugleich abschätzig beurteilt, so bezeichnet sie Jung als «Mormonenfreund, der jedes Jahr eine Scheidung haben möchte». Spielrein legt das alles mit der größten Präzision auseinander, es fällt auf, daß sie dabei gern Bemerkungen der Patientin zitiert, die einen Stich gegen Jung enthalten. Von Jungs «religiöser Natur» ist die Rede, von seiner «reinen Erziehung», vor allem aber taucht Jung in den Phantasien der Patientin als Mann auf, mit dem sie sexuell verkehren möchte; die Patientin spricht von «prostituieren». Und angeregt durch den Vornamen ‹Carl› imaginiert sie Jung als Karl den Großen, der von allen Patientinnen angehimmelt wird. Schwingt da vielleicht bei Spielrein ein wenig Ironie mit? – Selbstironie, angesichts der eigenen Wunschphantasien? Parallelen zu ihrer eigenen Geschichte spielen immer wieder eine Rolle. Zum Beispiel hat bei der Patientin «das Schlagen (...) eine sexuelle Färbung. Bei dem Worte gerät sie immer in den heftigsten Affekt.» Und wie Spielrein vermutet, ist auch diese Patientin durch die Schläge des Vaters zur Onanie gebracht worden.

Im Zentrum des Falles steht aber die Beziehung von Sexualität und Religion: Sexuelles drückt die Patientin in der Sprache der Religion aus, beide Bereiche vermischen sich. Und Spielrein geht noch ein Stück weiter; sie zeigt an vielen Äußerungen, daß bei der Patientin «längst vergangene Denkweisen» und Symbole zum Vorschein kommen. Darin, so Spielrein, erweise sich einmal mehr der enge Zusammenhang von «Traum, Psychose und Mythos». Selbstbewußt beansprucht die Autorin, einen eigenen Weg in der Auffassung von Wahnbildungen gefunden zu haben: «Wenn Freud und Jung namentlich zunächst die neurotischen und Traumphänomene mit den Erscheinungen der Schizophrenie in Parallele gesetzt haben, so glaube ich durch eine phylogenetische Betrachtungsweise ein wesentliches Stück der Freud-Jungschen Auffassung hinzufügen zu können.» Die phylogenetische Betrachtungsweise selbst war so neu nicht. Spielrein weist denn auch in ihrer Untersuchung auf die Arbeiten von

Franz Riklin, Otto Rank und Karl Abraham von 1908 hin, die sich alle auf unterschiedliche Weise mit den mythischen Implikationen des Unbewußten beschäftigen. Das Thema wurde um diese Zeit mehrfach in der *Mittwoch-Gesellschaft* aufgegriffen und entfaltete in den kommenden Jahren eine solche Sogwirkung, daß viele in der psychoanalytischen Bewegung den Weg von der Individualgeschichte zur Urgeschichte einschlugen und die Hauptakteure – Freud und Jung – sich darüber entzweiten.

Nicht der Hinweis auf die archaische und phylogenetische Erbschaft im Unbewußten war neu, sondern daß Spielrein mit ihrer Arbeit den Versuch machte, die mythischen Denkweisen am klinischen Material aufzuzeigen. An den Wahnbildungen und Halluzinationen, sagt sie in der Schlußbetrachtung, zeige sich, daß das Ich zum Teil aus Vorstellungen besteht, «welche einer über das Individuum hinausreichenden Vergangenheit anzugehören scheinen». Und Spielrein stellt dann eine – gegenüber Freud – erweiterte Auffassung des Unbewußten vor: Das Unbewußte sei etwas, «das außerhalb der Zeit steht oder gleichzeitig Gegenwart, Vergangenheit und Zukunft ist. Dementsprechend gibt uns das Unbewußte Aufschluß über gegenwärtige persönliche Konflikte, über die Konflikte der phylogenetischen Vergangenheit, aus welcher die persönlichen Erlebnisse hervorgehen und eventuell über die zukünftige Entwicklung der Dinge.»

Spielrein zitiert hier offenbar Vorstellungen vom kollektiven Unbewußten, die Jung eben um diese Zeit entwickelt. Möglicherweise hat Jung sie in seine Überlegungen eingeweiht, denn seit Sommer 1910 standen sie wieder in Kontakt miteinander: «Die Verzweiflung gab mir Mut, ich rannte zu meinem Freunde, mit welchem ich solange Zeit nicht reden wollte. Lange fand ich keine Worte bis ich ihm meine Not klagen konnte und ihn bat, meine Arbeit zu lesen.» Nicht nur Fachliches kommt dabei zur Sprache: «Das wichtigste Endresultat unserer Unterhaltung war, daß wir uns beide wieder innig lieb hatten. (...) Er gestand mir, daß bis jetzt noch kein weibliches Individuum bei ihm meine Stelle vertreten konnte. Es sei als hätte er einen Halsschmuck in welchem alle übrigen Verehrerinnen – Perlen; ich – das Medaillon wäre.» Zum Schluß spricht Jung – etwas rätselhaft – von der «neuen Ära», die jetzt beginnen müsse. Dabei scheint Jung weniger an Spielrein als an seine Arbeit gedacht zu haben, die er gerade zur Veröffentlichung vorbereitet: *Wandlungen und Symbole der Libido.* Im ersten Teil weist er in einer Fußnote auf Spielreins Arbeit hin und stattet seinen Dank ab: «Ich muß hier auch auf die interessanten Zusammenhänge von mythologischen und pathologischen Bildungen hinweisen, die sich aus der mit bewundernswerter Geduld und Gründlichkeit durchgeführten analytischen Untersuchung von Fräulein Dr. S. Spielrein ergeben. Fräulein Dr. Spielrein hat, was ich ausdrücklich hervorhebe, in selbständiger und von mir unabhängiger Forschungsarbeit die von ihr in diesem Jahrbuch dargestellten Symbolismen entdeckt.» Mit dem *Jahrbuch* war das *Jahrbuch für Psychoanalytische und Psychopathologische Forschungen* gemeint, in der beide Arbeiten 1911 erscheinen.

Wie Jung in seinen *Erinnerungen* berichtet, gab es zu seiner Schrift «eine Art Vorspiel», einen Traum, den er im September 1909 auf der Rückreise von Amerika träumt. Zur Zwanzigjahrfeier der Clark University waren Freud und Jung zu Vorlesungen eingeladen worden. In Amerika war man über die Arbeiten von Pierre Janet und Thédore Flournoy informiert, aber die Psychoanalyse war noch weitgehend unbekannt. Daß die Sexualität in dieser neuen Lehre eine bedeutende Rolle spielt, hatte sich natürlich herumgesprochen und zu allerhand Vermutungen und Gerüchten geführt. Freud und Jung waren nicht die einzigen europäischen Gäste, aber zweifellos die interessantesten.

Am 21. August traten sie von Bremen aus auf dem Dampfer *George Washington* die Reise an; mit von der Partie war

Sándor Ferenczi. Eine Woche verbrachten sie in New York, dann ging es nach Worcester, dem Sitz der Clark University. In seinen fünf Vorlesungen «Über Psychoanalyse» stellte Freud die Entwicklung seiner Auffassungen dar. Er sprach über die Anfänge der Psychoanalyse, Breuers Fall der «Anna O.», grenzte sich von der Psychologie seines Konkurrenten Janet ab, stellte die Traumdeutung als «Via Regia zur Kenntnis des Unbewußten» vor und setzte dem Publikum, mit Vorsicht und sehr viel Geschick, die Rolle der Sexualität auseinander. Man war angenehm überrascht von den Vorlesungen, besonders von der Art der Darstellung, den erfrischend unakademischen Stil der Rede, in der mit klaren, verständlichen Worten ein augenscheinlich hochkomplexer Zusammenhang auseinandergelegt wurde. Jung hielt drei Vorlesungen, eine über das Assoziationsexperiment, die zweite über die familiäre Konstellation, und in der dritten sprach er über «Konflikte der kindlichen Seele». Es waren Ausschnitte aus seinen vielfältigen Arbeitsbereichen, die in der Diskussion methodischer Fragen ein wenig komplex gerieten und sich nicht so anschaulich ausnahmen wie Freuds Vorlesungen. Gleichwohl fand auch Jungs Auftritt beim Publikum viel Beachtung; vor allem William James, der führende amerikanische Philosoph, Psychologe und Religionsforscher, interessierte sich für ihn. Auf der Abschlußfeier am 11. September erhielten Freud und Jung beide die Ehrendoktorwürde. «Wir sind hier die Männer vom Tag», schreibt Jung seiner Frau Emma, und emphatisch spricht er von der neuen Zeit, die nun angebrochen sei. In den Briefen an seine Frau erzählt er auch von einem Spaziergang mit Freud im Central Park: «Über Juden und Arier» hätten sie bei dieser Gelegenheit gesprochen, «und einer meiner Träume hat den Unterschied fein dargestellt.»

Am 21. September 1909 treten Freud, Jung und Ferenczi die Rückreise an. Auf dem Dampfer analysieren sie sich gegenseitig ihre Träume. Was ein spielerischer Zeitvertreib

«In Europa fühlte ich mich wie geächtet, hier sah ich mich von den Besten wie ein Gleichwertiger aufgenommen. Es war wie die Verwirklichung eines unglaubwürdigen Tagtraumes, als ich in Worcester den Katheder bestieg ... Die Psychoanalyse war also kein Wahngebilde mehr ...», schrieb Freud in Erinnerung an die triumphale Amerikareise im Jahre 1909. Zusammen mit Jung hielt er an der Clark University Vorlesungen. Höhepunkt der Reise war die Verleihung des Ehrendoktorats.
Vordere Reihe Sigmund Freud, G. Stanley Hall, C. G. Jung, dahinter Abraham Brill, Ernest Jones, Sándor Ferenczi.

werden sollte, erzeugte allem Anschein nach ernsthafte Spannungen. Jung erzählt später, daß sich Freud weigerte, zur Deutung seines Traumes Details aus seinem Privatleben mitzuteilen: «Ich kann doch meine Autorität nicht riskieren!», soll er gesagt haben. «In diesem Augenblick», so Jung in seinen *Erinnerungen*, «hatte er sie verloren. Dieser Satz hat sich mir ins Gedächtnis gegraben. In ihm lag für mich das Ende unserer Beziehung bereits beschlossen. Freud stellte persönliche Autorität über Wahrheit.» Aber auch Jung nimmt es mit der Wahrheit nicht so genau und verschweigt gegenüber Freud die Assoziationen zu seinem Traum. Das Traumgeschehen selbst ist nicht weiter aufregend: Jung befindet sich in einem Haus mit zwei Stockwerken. Der obere Stock ist mit schönen alten Möbeln im Rokokostil eingerichtet, im unteren Stock ist die Einrichtung mittelalterlich. Jung entdeckt eine steinerne Treppe, die hinab in den Keller führt, der aus römischer Zeit stammt. Von hier aus geht es noch weiter hinunter, in eine niedrige Felsenhöhle, dort liegen Knochen, zerbrochene Gefäße und zwei halbzerfallene Menschenschädel aus vorhistorischer Zeit. Jung deutet diesen Traum als «Bild der Psyche»: das Bewußtsein befindet sich im oberen Stockwerk, im Erdgeschoß beginnt das Unbewußte, das sich immer weiter ins Dunkle und Fremde öffnet, bis hin zu den primitiven Bewußtseinsstufen. Der Traum zeigt also unmittelbar, was er bedeutet, er artikuliert das Unbewußte, das nichts anderes ist als eine museale Bilderwelt, in der sich der Träumende selbst erkennt. Während Freud im Traum eine entstellte Darstellung sieht, die unter der Herrschaft der Zensur zustande kommt, gibt es für Jung weder einen versteckten Sinn noch verschlüsselte Wünsche. Der Traum, sagt Jung, ist eine «spontane Selbstdarstellung der aktuellen Lage des Unbewußten in symbolischer Ausdrucksform». Die Unterschiede zwischen Jung und Freud werden vor allem auch an der Konzeption des Unbewußten deutlich: Freud glaubt, daß sich das Unbewußte dem unmittelbaren Zugriff entzieht und primär regressiv ist; Jung dagegen sieht im Unbewußten eine prinzipiell zugängliche, kreative Potenz, eine höhere Wirklichkeit, mit dem er einen Austausch sucht, von dem er eine Erweiterung, eine Erhebung des Selbst erwartet. Die Begegnung mit dem Unbewußten beschreibt Jung deshalb als «ein Erlebnis von fundamentaler Bedeutung». Er spricht von der «numinosen Wirkung», der überwältigenden Kraft, durch die das Subjekt in den «Zustand der Ergriffenheit» versetzt wird. Das Unbewußte ist also einerseits prinzipiell erkennbar, andererseits hat es religiöse Dimensionen.

Gleich nach der Amerikareise stürzt sich Jung in die Archäologie und Mythologie. «Ich möchte einen weiten Wurf tun», schreibt er an Freud. Der weite Wurf – das ist Jungs Schrift *Wandlungen und Symbole der Libido*, in der er nicht nur das Unbewußte umdeutet, sondern auch die sexuelle Libido, die er durch das Konzept einer allgemeinen psychischen Energie ersetzt. Eine besondere Rolle spielt in der Arbeit das von Théodore Flournoy veröffentlichte Fallmaterial einer jungen Amerikanerin, Miss Miller. In den Phantasien, Träumen und Visionen dieser Miss Miller entdeckt Jung archaische und mythische Symbole und Bilder, die scheinbar aus dem phylogenetischen Erbe stammen. Jung glaubt, daß es sich hierbei um eine vom Individuum unabhängige Symbolwelt handelt, die zum psychischen Inventar der Menschheit gehört. Er spricht zunächst von «Urbildern», von «Dominanten» und dann, ab 1919, von «Archetypen».

In der Korrespondenz mit Freud beschränkt sich Jung auf zum Teil rätselhafte Andeutungen: Er sei auf dem besten Weg, die Psyche «restlos» zu verstehen, schreibt er einmal, ein andermal berichtet er von den «schönsten Visionen», die er bei der Arbeit erlebe. Nachfragen weicht er aus, die Briefe Freuds beantwortet er nur mit großer Verzögerung. Anfang März 1910 schreibt ihm Freud, das alles hätte wohl weniger mit Mißverständnissen zu tun als «mit den Widerständen des Vaterkomplexes», mit dem er «nicht fertig geworden» sei. Er könne sich aber beruhigen, denn es gebe noch so viel für ihn zu erobern. Das war der letzte Brief Freuds vor dem am 30. und 31. März in Nürnberg anberaumten Zweiten Internationalen Psychoanalytischen Kongreß. Jung mußte sich kurz zuvor abmelden, eine seiner reichen Patienten, Harold McCormik, der zusammen mit seiner Frau Edith, Tochter von John D. Rockefeller, zu den Förderern der Jungschen

Psychologie wurde, hatte ihn gerufen, und Jung eilte für eine kurze Behandlung nach Amerika. Rechtzeitig war er dann wieder zurück.

In Nürnberg wurde die Gründung der Internationalen Psychoanalytischen Vereinigung beschlossen, und Jung sollte – nach dem Willen Freuds und auf Antrag Ferenczis – Präsident auf Lebenszeit werden mit uneingeschränkter Weisungsbefugnis. Freuds Wiener Anhänger waren konsterniert. Einer von ihnen, Fritz Wittels, hat sich in seiner 1924 veröffentlichten Freud-Biographie an die Situation erinnert: Die Wiener hätten sich dem Antrag widersetzt, und die Abstimmung sei zunächst vertagt worden. Am Nachmittag erschien Freud dann auf einer Versammlung seiner Wiener Anhänger und hat in großer Erregung zu ihnen gesprochen: «‹Ihr seid zum größten Teile Juden und deshalb nicht geeignet, der neuen Lehre Freunde zu erwerben. Juden müssen sich bescheiden, Kulturdünger zu sein. Ich muß den Anschluß an die Wissenschaft finden; bin alt, will nicht immer nur angefeindet werden. Wir alle sind in Gefahr›. Er faßte seinen Rock beim Revers: ‹Nicht einmal diesen Rock wird man mir lassen›, sagte er. Die Schweizer werden uns retten. Mich und Sie alle.›» Die Vereinigung von Semiten und Ariern wurde von Freud zur Überlebensfrage stilisiert.

Noch kannte Freud die neue Richtung nicht, er glaubte, trotz einiger Irritationen, an Jung und seine Berufung zum Führer der Bewegung. Auf dem Kongreß mußte er sich aber damit zufriedengeben, daß Jung für nur zwei Jahre zum Präsidenten gewählt wurde und eingeschränkte Vollmachten erhielt. Freud und Jung sind sich angesichts des Scheiterns ihrer Pläne einig, daß man zu schnell vorgegangen sei und das Verständnis der Leute überschätzt hätte.

Die Differenzen zwischen den beiden scheinen fürs erste beigelegt – das zeigen zumindest die Briefe vom Sommer und Herbst 1910. Ein anderes Bild erhält man aus dem Tagebuch von Sabina Spielrein. Daraus nämlich geht hervor, daß

Jung die Sexualität zu dieser Zeit gänzlich entthront hat zugunsten eines «göttlichen Lebens im Menschen», das uns, wie er später sagt, im Mythos offenbart wird, der im Unbewußten «als ein Wort Gottes» zu uns spricht. Spielrein wird dabei zum zweitenmal zum therapeutischen Objekt, zum Fallbeispiel, an dem die phylogenetischen Theoreme erprobt werden. Ausgangspunkt ist nun Spielreins Siegfried-Phantasie. War sie vorher von Jung im Kontext der Freudschen Theorie als Wunscherfüllung, als sexuelles Verlangen, gedeutet worden, so sehen jetzt beide Siegfried als Symbol und Sinnbild einer «heldenhaften Einstellung», einer «Höheren Bestimmung». Am 18. Oktober 1910 schreibt Spielrein in ihr Tagebuch: «‹Oh, Schutzgeist, mache, daß meine Sehnsucht göttlichen Stammes sei!› mußte ich vorige Nacht die Worte meines Freundes rufen, denn dies war es, was mir die Nachtruhe raubte, der Gedanke, ich könnte eine von den vielen sein, meine Leistungen gingen nicht über das Durchschnittsniveau hinaus und die ‹Höhere Bestimmung› wäre ein unsinniger Traum, welchen ich jetzt büßen muß. Es frägt sich, woher das Bedürfnis, an eine höhere Bestimmung zu glauben, in mir so fest ist?» Spielrein reflektiert im Tagebuch ihre jüdische Herkunft, und sie erzählt die Geschichte eines Scheiterns: Sowohl beim Großvater wie bei ihrer Mutter sei die Verbindung zu einem Christen gescheitert. Für beide war der eigentlich geliebte und begehrte Partner ein Christ, beide mußten den Wunsch nach einer solchen Verbindung aufgeben und einen Partner jüdischen Glaubens heiraten, mit dem sie nicht glücklich werden. Zwei Generationen lang haben sich Judentum und Christentum nicht vereinigen lassen, jetzt, in der dritten Generation, glaubt Sabina Spielrein, müsse *sie* diesen Traum verwirklichen. Die Parallele zu Freuds Vereinigungsphantasien ist – bei allen Unterschieden – nicht zu übersehen. Freud will «Semiten und Arier», wie er sagt, «im Dienste der Pschychoanalyse» vereinigen, Spielrein geht es um eine «neue Rasse», einen «neuen Menchen». Eine ganze Zeitlang hoffte sie darauf, mit Jung diesen Traum zu verwirklichen, zumal ihr Jung gestanden hat, daß er sich von jüdischen Frauen stark angezogen fühlt: «Er sagte mir, daß er die jüdischen Frauen liebe, daß er ein schwarzes jüdisches Mädchen lieben möchte. Also auch in ihm das Bestreben nach Beharrung in seiner Religion und Kultur wie auch daneben der Drang nach Erfrischung durch eine neue Rasse, der Drang nach Befreiung vom väterlichen Zwange in einer ungläubigen Jüdin.»

Die «arisch-semitische» Verbindung stellt für Spielrein ein Akt der Selbstbemächtigung, ein Freiwerden von den Fesseln der Tradition dar. Spielrein wie Jung sind von der Idee fasziniert; ihr Begehren hängt vor allem an der Überschreitung, an dem Fremden, Andersartigen, das es zu erobern gilt.

Diese Vorstellungen waren durchaus nicht so singulär und abseitig, wie sie heute erscheinen mögen. Die Liebe vieler Juden zum ‹Blond-Germanischen› war ebenso wie die Liebe des Christen zur ‹schönen Jüdin› ein Topos der Literatur und erfreute sich um 1900 besonderer Anziehung. In Theodor Fontanes *Die Poggenpuhls* (1896), in Jakob Wassermanns *Die Juden von Zirndorf* (1897), in Otto Julius Bierbaums *Prinz Kuckuck* (1906/07) oder in Gerhart Hauptmanns Drama *Gabriel Schillings Flucht* (1905/06) werden christlich-jüdische Konstellationen zum Thema. Immer geht es dabei um Anziehung und Abgrenzung, um ein Begehren, das der bürgerlichen Ordnung entgegensteht, um Erotisierung und Politisierung, die in der Dreiecksbeziehung von Jung, Spielrein und Freud ja ebenfalls eine große Rolle spielt. Und wenn Spielrein über die Verbindung von Judentum und Christentum phantasiert, bleibt Freud nicht außen vor, sie erwähnt im Tagebuch ein «männliches Paar»: Freud und Jung. «Der Christ [Jung] ist auch hier der Sohn des Juden [Freud].» Eine Vater-Sohn-Beziehung – in der Spielrein sich als Teil eines familiären Dreiecks imaginiert.

Ende 1910 scheinen jedoch all diese Phantasien wenig erfolgversprechend: Jung und Spielrein haben sich zwar erneut ihre Liebe gestanden, aber Jung denkt gar nicht daran, seine Ehe aufzugeben, dazu sei er viel zu sehr «Philister». Und die Vater-Sohn-Beziehung zwischen Freud und Jung – sie steht kurz vor dem Bruch. «Ich will aber fest daran glauben, daß ein großes Schicksal meiner wartet», schreibt Spielrein ins Tagebuch: «Ich fühle es ganz unerschütterlich fest: Siegfried lebt, lebt, lebt!» Siegfried bleibt ihr, so meint sie, auch ohne die Verbindung mit Jung, es ist, wie sie später schreibt, das Symbol, daß sie sich «für eine große Schöpfung aufopfern muß».

Während Spielrein immer tiefer in das Mysterium ihrer inneren Welt gerät, zieht Jung daraus therapeutische Konsequenzen. In seinen *Erinnerungen* erwähnt er den Fall einer Jüdin, ein junges Mädchen aus reicher Familie: «Sie hatte bereits eine Analyse durchgemacht, aber der Arzt bekam eine Übertragung auf sie und flehte sie schließlich an, nicht mehr zu ihm zu kommen, sonst zerstöre sie seine Ehe.» Dieses Mädchen kommt nun erneut in Behandlung: Zunächst war nichts Besonderes zu entdecken, «eine angepaßte westliche Jüdin, aufgeklärt bis in die Knochen», dann aber erzählt sie von ihrem Großvater, er sei Rabbi gewesen, man habe ihn als Zaddik, als Heiligen angesehen. In diesem Moment, so Jung, verstand er die Geschichte der Neurose und erklärte ihr die Sache: «‹Ihr Großvater war ein Zaddik. Ihr Vater ist dem jüdischen Glauben abtrünnig geworden. Er hat das Geheimnis verraten und hat Gott vergessen. Und Sie haben Ihre Neurose, weil Sie an der Furcht Gottes leiden!› – Das schlug in sie ein wie ein Blitz!»

Viel spricht dafür, daß es sich bei dieser Patientin um Sabina Spielrein handelte und Jung an ihr praktisch erprobte, was er zur selben Zeit an den Phantasien von Miss Miller erkannt zu haben glaubte: daß Selbstbemächtigung nur im Vergangenen zu suchen ist und durch das Wachrufen religiöser und mythischer Vorstellungen und Szenen zu geschehen hat.

Freud ließ sich aber in seiner Zuneigung zu Jung nicht irritieren. Noch im Sommer 1910 schreibt er an Ferenczi, daß sich Jung «sehr zu seinem Vorteil» zeige. Im Herbst erfreut er sich am «heiteren Ton» der Jungschen Briefe. Am 13. Dezember aber schickt Jung eine Vorwarnung nach Wien: Er dürfe noch nicht viel verraten. «Sie müssen sich aber auf Eigenartiges gefaßt machen, dergleichen man von mir noch nie gehört hat.» Ende Dezember – Freud hatte Jung in München zu einer Unterredung getroffen – scheint die Zuneigung fast wieder auf dem alten Stand: «Ich bin mehr als je überzeugt», schreibt er Ferenczi, «daß er (Jung) der Mann der Zukunft ist.» Freud hatte jedoch, wohlwissend um die Differenz in der für ihn alles entscheidenden Frage, eine Mahnung ausgesprochen, an die sich Jung später lebhaft erinnert: «‹Mein lieber Jung, versprechen Sie mir, nie die Sexualtheorie aufzugeben, das ist das Allerwesentlichste. Sehen Sie, wir müssen daraus ein Dogma machen, ein unerschütterliches Bollwerk›». Die Art und Weise, wie er in diesem Moment zu ihm sprach, läßt in Jung den Verdacht aufkommen, bei Freud seien «unbewußt religiöse Faktoren» im Spiel; ein Verdacht, den Freud seinerseits gegenüber Jung hegt. Die Positionen verhärten sich, um Wahrheitsfragen geht es schon längst nicht mehr, sondern um den rechten Glauben.

Nicht nur Jung und Spielrein bereiteten um diese Zeit Arbeiten vor, an denen sich der Konflikt in der psychoanalytischen Bewegung entzündet. Auch Freud selbst schreibt 1910 an einer Arbeit, mit der er sich auf jenes Terrain begibt, auf dem Jung und Spielrein schon standen, und die im gleichen *Jahrbuch* erscheint: «Psychoanalytische Bemerkungen über einen autobiographisch beschriebenen Fall von Paranoia».

Freud setzt sich in dieser Arbeit mit dem Wahnsystem des sächsischen Juristen und Paranoikers Daniel Paul Schreber auseinander. Grundlage dafür ist Schrebers Selbstbiographie *Denkwürdigkeiten eines Nervenkranken* (1903). Auf dieses Buch wurde Freud zuerst durch Jung aufmerksam, und sowohl Jung wie Spielrein beziehen sich in ihren Arbeiten auf Schreber. In seinen *Denkwürdigkeiten* entwirft Schreber eine Weltordnung mit einer sehr komplexen Theologie. Von Gott selbst fühlt er sich berufen, der Welt Seligkeit zu bringen, zuvor aber müsse er sich vom Mann zum Weibe verwandeln. Freud versucht Schrebers, auf den ersten Blick wirr anmutendes, Weltsystem zu übersetzen. Er beschäftigt sich dabei mit den faszinierenden Wortprägungen Schrebers, die er als entstellte Botschaften liest. Das ganze Schrebersche System, so meint Freud, beruhe auf spezifischen Abwehrmechanismen: der Verkehrung ins Gegenteil und der Projektion. Was Schreber einmal geliebt hat, wird in den *Denkwürdigkeiten* in Haß verkehrt und anschließend nach außen verlagert oder auf andere Menschen übertragen, dies betreffe vor allem den «Kern des Konflikts», die homosexuelle Wunschphantasie. In Schrebers System, in seinen Wahnbildungen, erkennt Freud einen «Heilungsversuch». Die Psyche des Paranoikers versucht das, worunter sie leidet, wieder in Übereinstimmung mit der Person zu bringen. Schreber zweifelt an Gott und kann seine sexuellen Wunschphantasien nicht akzeptieren. Beides deutet er in seinem Wahnsystem um und stellt dabei eine, so Freud, «überraschende Verbindung» zwischen Religion und Sexualität her: «Seligkeit und Wollust» fallen für ihn zusammen. Am Rande geht Freud auch auf die mythischen Elemente ein. Wie etwa auf den Schreberschen Sonnenmythos. Er legt diesem Mythos jedoch keinen tieferen Sinn bei, sondern deutet die Sonne kurz und knapp als «sublimiertes Symbol des Vaters». Selbstbewußt setzt er hinzu: «Ich bin für die Eintönigkeit der psychoanalytischen Lösungen nicht verantwortlich.»

Hatte er damit die Tür zu Jung und Spielrein zugeschlagen? Keineswegs. Auf dem Dritten Psychoanalytischen Kongreß, der am 21. und 22. September 1911 in Weimar stattfand, griff Freud das Thema noch einmal auf. Im August war das *Jahrbuch* erschienen. Auf dem Kongreß trägt Freud einen «Nachtrag» über den Fall Schreber vor, dabei stellt er nicht die Differenzen heraus, sondern relativiert das eigene Vorgehen. Er habe sich in seiner Abhandlung auf «ein Mindestmaß an Deutung» beschränkt. Ausdrücklich würdigt er dann die Arbeiten von Jung und Spielrein: «Ein freundlicher Zufall, der die Aufmerksamkeit anderer Autoren des gleichen Bandes auf die Schrebersche Selbstbiographie gelenkt hat, läßt auch erraten, wieviel noch aus dem symbolischen Gehalt der Phantasien und Wahnideen des geistreichen Paranoikers zu schöpfen ist.» Er sei nun in der Lage, den Fall Schreber als «mythologisch beziehungsreich» zu erkennen, und er weist insbesondere auf den Sonnenmythos hin, der einer erweiterten Deutung bedürfe. Freud konnte zu dieser Zeit noch nicht wissen, daß Sabina Spielrein wenig später in ihrer neuen Arbeit über «Die Destruktion als Ursache des Werdens» den Sonnenmythos erneut aufgreift und eine diametral entgegengesetzte Interpretation liefert: in der Sonne sieht sie den symbolischen Ausdruck für eine Identifizierung mit der Mutter. Das hätte Freuds Deutung den Boden entzogen, so aber kann er sich mit anerkennenden Worten und einer Verbeugung vor Jung in Kongreßdiplomatie üben: «Dieser kleine Nachtrag zur Analyse eines Paranoiden mag dartun, wie wohlbegründet die Behauptung Jungs ist, daß die mythenbildenden Kräfte der Menschheit nicht erloschen sind, sondern heute noch in den Neurosen dieselben psychischen Produkte erzeugen wie in den ältesten Zeiten.» Er plädiere deshalb dafür, dem «individuellen, ontogenetisch verstandenen Inhalt die anthropologische, phylogenetisch zu fassende Ergänzung hinzuzufügen». Mit dieser Geste wollte Freud retten, was zu retten war – und was dann doch ein Jahr später auseinanderbrach.

Zwischen Jung und Freud

«Es ist gegangen und ist gut so», schreibt Sabina Spielrein am 19. Januar 1911 in ihr Tagebuch. Sie hat ihre Doktorprüfung erfolgreich abgeschlossen. Eine Tour de force liegt hinter ihr: Acht mündliche Prüfungen an vier Tagen, vom 16. bis 19. Januar. Ihre Prüfer waren die Professoren Eichhorst (Innere Medizin), Sauerbruch (Chirurgie), Bleuler (Psychiatrie), Wyder (Gynäkologie), Silberschmidt (Hygiene), Schmidt (Pathologie), Haab (Ophtalmologie) und Coletta (Pharmakologie). In Psychiatrie besteht sie mit Auszeichnung.

Die schriftlichen Prüfungen hatten schon am 15. und 16. Dezember 1910 stattgefunden. Kurz vorher war ihr Vater aus Rußland angereist: «... seine Gegenwart hemmt mich in meinen Gefühlen» – das sei jedoch, angesichts der Prüfungen, nur gut so. Andererseits fürchtet sie um ihre Freiheit: «Der Vater will mich nach Rußland bringen und ich will es nicht. Der Vater macht mich müde mit einer individualistischen, realistischen Philosophie, die meinen Schwärmereien allen Zauber nehmen möchte. Nach Rußland will ich nicht! Die deutsche Sprache, die ich in meinem Tagebuch aufgenommen habe, zeigt es deutlich, daß ich Rußland möglichst fern bleiben möchte.» Die Aversionen gegen Rußland weisen darauf hin, daß sie keineswegs dabei ist, sich mit ihrer Geschichte auszusöhnen und in ein Verhältnis zu setzen – wie es Jung intendiert –, sondern daß sie ihrer Vergangenheit den Konsens verweigert, sich nicht unterwirft, weder dem Faktum, als Jüdin geboren zu sein, noch dem Faktum, ‹Russin› zu sein. Jung wie auch Freud sehen darin nur den untauglichen Versuch, einen Kampf gegen das eigene Selbst, gegen die eigene Geschichte und ihre eigenen Wurzeln zu führen. In der neuen Arbeit, die Spielrein noch während ihrer Examensvorbereitungen beginnt, findet sich der Satz: «Du mußt verstehen, dich selbst zu überwinden (destruieren).» Die «Vernichtung des alten Zustandes» ist notwendig für ein neues Leben. Das weist freilich in eine etwas andere Richtung, als in die von Freud und Jung gewiesene.

«Ja, ich möchte frei sein!» schreibt sie im November 1910 in ihr Tagebuch. «Wo gehe ich hin? Was fange ich an? Alles banale Fragen. Vorläufig – arbeiten!» Das Examen gilt es zu überstehen, durchzuhalten. «Meine Gedanken gehen weit darüber hinaus und ... das schwere ‹Und?› drückt mich.» Die Liebe zu Jung läßt sie nicht los. Sie hat sich dagegen gewehrt, wollte sich nicht mehr dem Gefühl hingeben, aber weder sie noch Jung waren dazu in der Lage. Am 9. November 1910 notiert sie: «Die Vernunft ist seit gestern, da ich bei ihm war wieder dahin. Vernunft! Gibt es eine solche? Kann man auch vernünftig sein, wenn man so liebt? Erzählen was vorgekommen war? Was er mir sagte? Ja, die stärkere Poesie war vielleicht Dienstag vor 8 Tagen. Da sagte er, daß er mich liebt, weil wir einen merkwürdigen Parallelismus der Gedanken haben.» Er sagt ihr aber auch, daß er sie «nie heiraten würde». Durch ihr «gemeinsames Werk» seien sie jedoch durch tiefere Bande miteinander vereint, nichts könne sie jetzt mehr trennen. Kann das trösten, wenn man «Frau und Mutter sein will»? In ihren Tagträumen entwirft Sabina Spielrein Idyllen vom kleinen Glück, «goldige Phantasien», die sich auch um Siegfried drehen, der nun wieder eine ganz reale Dimension bekommt: zusammen mit einem Mann, dem sie all ihr «Bestes schenken» will, möchte sie ein friedliches Heim gründen. «Ich tue gerne abends auf dem Sofa sitzen und etwas stricken und er liest mir seine Arbeit vor. Dabei denken und fühlen wir zusammen. (...) Und dieser hochverehrte geliebte Mensch wird dann Vater meines Siegfried.»

Auch Jung spielt in dieser Phantasie eine Rolle: «Ich stelle ihn meinem Manne als meinen lieben Freund vor und gebe ihm in seiner Gegenwart (...) einen Kuß.»

Spielrein phantasiert alle Möglichkeiten durch, um dann doch wieder auf einen Punkt zurückzukommen: «Wenn er frei wäre!» Am 19. Januar 1911, am Tag ihrer letzten Prüfung, steht im Tagebuch: «Gut wenigstens, daß die Eltern nun Freude haben. Ach ja, was kommt nun?»

Noch am Abend verläßt Sabina Spielrein Zürich und fährt in die Ferien nach Montreux. Anschließend zieht sie nach München und besucht dort im Sommersemester Vorlesungen in Kunstgeschichte. Von einer Rückkehr nach Rußland ist vorerst nicht mehr die Rede. Sabina Spielrein war, im Unterschied zu vielen anderen Frauen, durch ein Vermögen, das ihr Vater für sie angelegt hatte, materiell abgesichert. Ihr Bruder Jean beziffert dieses Vermögen 1918 auf 150000 bis 200000 Rubel. Aus den Angaben des Bruders geht aber auch hervor, daß sie über dieses Geld nicht ganz frei verfügen konnte. Der Vater teilte ihr das Geld zu, und so großzügig er anscheinend war, blieb doch eine Abhängigkeit.

Und so geht Sabina Spielrein in München nicht nur ihren künstlerischen Passionen nach, ihre Anstrengungen sind vor allem darauf gerichtet, sich einen Platz in der psychoanalytischen Zunft zu erkämpfen. Ihr erstes Ziel ist, Mitglied in der *Psychoanalytischen Vereinigung* zu werden – als Frau war das um diese Zeit noch immer etwas Besonderes. In der *Wiener Psychologischen Mittwoch-Gesellschaft*, die 1908 zur *Wiener Psychoanalytischen Vereinigung* umbenannt wurde, waren Frauen lange Zeit von der Mitgliedschaft ausgeschlossen. Nach kontroverser Diskussion beschloß man erst im April 1910 eine Statutenänderung, die die Aufnahme von Frauen möglich machte. Am 27. April 1910 wurde als erstes weibliches Mitglied Dr. Margarete Hilferding aufgenommen.

Auch Spielrein wollte in diese Männerdomäne einbrechen – und im Herbst wollte sie zum Psychoanalytischen Kongreß nach Weimar fahren. Bis dahin gilt es die neue Arbeit fertig zu schreiben: «Die Destruktion als Ursache des Werdens». Ausgangspunkt ihrer Überlegungen ist die Beobachtung, daß sexuelle Wünsche «neben den a priori zu erwartenden positiven Gefühlen negative, wie Angst, Ekel» in sich beherbergen, die Widerstände hervorrufen. Freud hatte bislang die Sexualität in Beziehung gesetzt zu Lust und Spannungsabfuhr, die negativen Momente kamen von außen, in Zensur und Verbot, lagen aber nicht im Trieb selbst. «Insofern als wir nach der Causa movens unseres bewußten und unbewußten Ich forschen, glaube ich, daß Freud Recht hat, wenn er das Streben nach Erlangung der Lust und Unterdrückung der Unlust als die Grundlage aller psychischen Produktionen annimmt.» Die Frage sei aber, so Spielrein weiter, «ob unser ganzes psychisches Leben aus diesem Ichleben besteht; gibt es nicht Triebkräfte in uns, welche unseren psychischen Inhalt in Bewegung setzen unbekümmert um das Wohl und Wehe des Ich? Bedeuten die bekannten Grundtriebe, der Selbst- und Arterhaltungstrieb auch für das gesamte psychische Leben das, was sie für das Ichleben bedeuten, nämlich die Quelle der Lust oder Unlust?» Es gibt Regungen, die tiefer liegen, meint Spielrein; Forderungen, denen sich unsere Ichpsyche nicht entziehen kann und die zu einer Umwertung unserer Gefühlsreaktionen führen, so daß wir «Lust an der Unlust haben und Lust am Schmerze». In der Tiefe ist etwas da, «was so paradox es klingen mag, diese Selbstschädigung will, denn das Ich reagiert ja darauf mit Lust». Ein solcher Wunsch nach «Selbstschädigung» bleibt unverständlich, wenn wir nur die Ichpsyche betrachten. Es gibt aber daneben, so nimmt Spielrein an, eine Art- oder Kollektivpsyche, in der es kein ‹Ich› mehr gibt, «sondern bloß dessen Summation, das ‹Wir›». In dieser Schicht unserer Psyche wird das Ich als Objekt betrachtet, als Objekt unter anderen Objekten. Was auf der Ebene der Ichpsyche als Leid und Schmerz erscheint, wird durch die Artpsyche objektiviert: «Wie oft tröstet man sich bei einem persönlichen Unglück durch den Gedanken, es gehe vielen oder gar allen so, wie wenn uns der Schmerz durch den Gedanken an die Gesetzmäßigkeit seines Auftretens, an die Eliminierung des persönlich-zufälligen erleichtert wäre. Was allgemein geschah und geschieht, ist kein Unglück mehr, sondern eine objektive Tatsache.»

Die unlustbetonten Vorstellungen in der Sexualität erklären sich für Spielrein nicht aus gesellschaftlichen Zwängen und Verboten, sondern aus den Erfordernissen der Psyche. Sexualität sei immer schon besetzt durch Angst und Todesvorstellungen, weil es neben einem Vereinigungswunsch einen Auflösungswunsch gibt. Um das Neue zu erzeugen, so argumentiert sie, müsse das Alte aufgelöst werden, das sei eine «biologische Tatsache». Die ganze Evolution vollziehe sich im Wechsel von Vereinigung, Destruktion und Wiederaufbau. Dieser Zusammenhang führt dazu, daß wir in der Liebe den Feind in uns selbst fühlen, «es ist die eigene Liebesglut, die einen mit der eisernen Notwendigkeit zu dem zwingt, was man nicht will; man fühlt das Ende, das Vergängliche, vor dem man vergebens in unbekannte Fernen die Flucht ergreifen möchte.»

«Das Liebste» – das zeigt sie im dritten Teil ihrer Arbeit an Beispielen aus der Mythologie – kann zur «Todesquelle» werden. Und sie verweist in diesem Zusammenhang auch auf Siegfried: «Siegfried ist das Feuer, die erlösende Sonnenglut. In diesem Urerzeuger wird Brünnhilde aufgelöst, selbst zu Feuer werdend.» Siegfried und Brünnhilde lieben nach dem «Rettertypus», in ihrer Liebe opfern und sterben sie. Und Spielrein zieht einen Vergleich zwischen dem nordischen Siegfried und dem orientalischen Christus. Auch er «ist ein Rettertypus, der sich für die Menschheit opfert».

Der dritte Teil enthält eine eher problematische, mythengeschichtliche Interpretation, die um die Beziehung von Opfer und Erlösung, von Vernichtung und Wiedergeburt kreist. Interessanter und folgenreicher für den psychoanalytischen

Diskurs sind Spielreins Bemerkungen zu Destruktion und Todesinstinkt. Daß der Mensch «Lust an der Unlust haben und Lust am Schmerz, der an sich genommen, schwer unlustbetont ist», das sind Vorstellungen, die Freud erst nach langem Zögern aufgreift und 1920 in *Jenseits des Lustprinzips* in seine Theorie einbaut. Auf Spielreins Untersuchung weist er in einer Fußnote hin: «In einer inhalts- und gedankenreichen, für mich leider nicht ganz durchsichtigen Arbeit hat Sabina Spielrein ein ganzes Stück dieser Spekulation vorweggenommen.» Inhalts- und gedankenreich, aber leider nicht ganz durchsichtig – die Formulierung verrät, wie schwer es Freud fällt, Sabina Spielrein in dieser Sache eine Priorität einzuräumen, die ihr zweifellos zukommt.

Seit langem war Spielrein von diesem Projekt eingenommen. Im Oktober 1910 führt sie mit Jung intensive Gespräche über ihre «neue Sache», die zu dieser Zeit noch «Sexualinstinkt – Todesinstinkt» heißt. Am 26. November schreibt sie in ihr Tagebuch, daß sie «große Angst» habe, Jung könne ihr in der Verarbeitung dieses Gedankens zuvorkommen.

In München arbeitet sie deshalb intensiv an der Ausarbeitung. Anfang August schickt sie eine erste Fassung an Jung. Und der Brief, den sie dieser Sendung beilegt, zeigt, welchen Stellenwert das Werk in der Zwischenzeit für sie hat: «Empfangen Sie nun das Produkt unserer Liebe, die Arbeit Ihres Söhnchens, Siegfried. Das hat eine Riesenmühe gegeben, aber für Siegfried war mir nichts zu schwer. Wenn die Arbeit von Ihnen in den Druck aufgenommen wird, fühle ich meine Pflicht Ihnen und Ihrem Söhnchen gegenüber erfüllt. Dann erst bin ich frei.» Die real gescheiterte Vereinigung soll nun symbolisch im Werk vollzogen werden. Dadurch ändert sich auch ihre eigene Position: Nicht mehr in der Rolle der Ehefrau und Mutter ist die Vereinigung nun für sie zu denken, sondern als schöpferische Frau. Das Weibliche als schöpferische Potenz – das mußte Jung als Anmaßung empfinden.

Am 8. August macht er ihr zunächst ein zwiespältiges Lob: «Ich bin überrascht durch die Fülle trefflicher Gedanken, die mir Verschiedenes vorwegnehmen. (...) Ihr Gedanke ist kühn, weit ausgreifend und philosophisch.» Damit hat er die Arbeit auf ein Podest gehoben, aber nur um sie dort stehen zu lassen und sich von ihr abwenden zu können. *«Das Jahrbuch»*, so schreibt er weiter, «wird daher wohl kaum die richtige Stätte zur Publikation sein.» Jung will anfangs durchaus nicht zum Geburtshelfer dieses Werkes werden. Nach einigem Hin und Her gibt er schließlich dann doch seine Zustimmung, verlangt aber noch Umarbeitungen. Erst im Januar 1912 kann Sabina Spielrein die Arbeit vollenden. Da lebt sie schon in Wien und schreibt von der «vielen schweren Zeit», die «verflossen» ist.

Über ihren Aufenthalt in München ist ansonsten wenig bekannt. Ein paar im Überschwang hingeschriebene Zeilen im Tagebuch, die in tiefer Depression enden, und drei Briefe an Jung, wovon einer nur fragmentarisch überliefert ist. In einem dieser Briefe erzählt sie davon, daß sie eine Bekanntschaft gemacht habe, einen Künstler, der ihr geraten hat, die Medizin aufzugeben und sich ganz der Kunst zu widmen. In einem anderen Brief, den sie wahrscheinlich im Juni schreibt, berichtet sie von einer Vorlesung in Kunstgeschichte, erinnert Jung daran, daß er ihr eine Empfehlung schreiben wollte und kündigt dann relativ umstandslos einen Plan an: «Nächstes Semester gehe ich nach Wien und dann möchte ich Sie bitten, daß Sie mir die Empfehlung so schreiben, daß ich sie eventuell auch dort verwerten könnte. Oder soll ich mich dort direkt an Prof. Freud wenden?» Jung hat zunächst auf diese Ankündigung überhaupt nicht reagiert; auch die Bitte, ihr eine Empfehlung zu schreiben, übergeht er. Mitte September, kurz bevor sie nach Wien fährt, erinnert sie Jung noch einmal. Und er schreibt ihr daraufhin lapidar zurück: «Freud wird Sie gewiß aufnehmen. (...) Sie bedürfen meiner Empfehlung nicht. Treten Sie ihm als dem großen Meister und Rabbi gegenüber, dann wird es recht sein.» Jung machte keine Anstalten, Spielrein zu unterstützen. Der Ton seiner Briefe ist sachlich, er beschränkt sich auf das Nötige. Seit Spielrein von Zürich weg war, hatte er Distanz gewonnen, seine Gefühle wieder in Ordnung gebracht, die Affäre war nun für ihn beendet. Vom Weimarer Kongreß – an dem Spielrein nicht teilnahm, sie entschuldigte sich mit einer Fußverletzung – schrieb ihr Jung von der «Bitterkeit», die er jetzt aus seinem Herzen entfernt habe. Und er erinnert noch einmal an all die inneren Qualen, die er durch sie und sie durch ihn zu erdulden hatte: «Ich wünsche Ihnen wirklich von Herzen Glück und will in diesem Gefühl an Sie denken.»

Im August, noch vor Spielreins Absage, hatte Jung sie noch in den Kreis der Damen eingereiht, die ihn nach Weimar begleiten. An Freud schreibt er: «Diesmal wird das weibliche Element via Zürich stark aufrücken. Schwester Moltzer, Dr. Hinkle-Eastwick (charmante Amerikanerin!), Frl. Dr. Spielrein (!), sodann eine neue Entdeckung von mir, Frl. Antonia Wolff, eine remarkable Intelligenz mit ausgezeichneter Einfühlung ins Philosophisch-Religiöse – last not least, meine Frau.» Vor einem Jahr hatte Jung noch Sabina das Medaillon im Halsschmuck seiner Verehrerinnen genannt – diese Position hatte jetzt Antonia Wolff eingenommen.

Wenn der Wiener Analytiker Wilhelm Stekel in seinem Festgruß auf dem Weimarer Kongreß die Teilnehmer als «Brüder eines Ordens» bezeichnete, dann entsprach das zwar nicht mehr ganz den Tatsachen, aber es störte auch nicht die Harmonie. Der Familienfrieden blieb in Weimar gewahrt, dafür sorgte eine geschickte Diplomatie im Vorfeld. Freud machte einen dreitägigen Besuch in Küsnacht und klärte mit Jung alle strittigen Themen ab. Auf dem Kongreß wurde Jung widerspruchslos zum Präsidenten gewählt und Riklin zum Sekretär. Betrachtet man das berühmte Gruppenfoto des Dritten Psychoanalytischen Kongresses, dann scheint tatsächlich die Welt noch in Ordnung: Da steht in der Mitte einer feierlich-ernsten Runde der ehrwürdig dreinblickende Gründervater, eingerahmt von seinem treuesten Schüler Sándor Ferenczi und seinem Kronprinzen C. G. Jung, den er um Haupteslänge überragt (in Wirklichkeit war Freud nur mittelgroß, einen Meter fünfundsiebzig, und stand auf einem Podest, Jung mußte sich klein machen und vorbeugen). Die Schweizer Delegation war neben den Österreichern die gewichtigste Fraktion auf dem Kongreß. Auch Bleuler, der in Nürnberg fehlte, ist diesmal dabei. Und ins Auge fallend die im Protokoll vermerkten «verschiedenen Damen», die am Kongreß teilgenommen haben. Noch einmal sieht alles nach Eintracht aus, jedenfalls zwischen Wien und Zürich. Im Gebälk der psychoanalytischen Bewegung aber sind die Risse bereits unübersehbar. Der Wiener Analytiker Alfred Adler und seine Anhänger waren in Weimar schon nicht mehr dabei; sie traten kurze Zeit später aus der Vereinigung aus und gründeten einen eigenen Verein.

Und Jung? Seine Position schien gefestigt, doch war er wirklich noch der Mann der Zukunft? «Meine Abende sind sehr in Anspruch genommen durch die Astrologie», schrieb er Freud im Sommer 1911. «Ich mache Horoskopberechnungen, um dem psychologischen Wahrheitsgehalt auf die Spur zu kommen. Bis jetzt einige bemerkenswerte Dinge, die Ihnen gewiß unglaublich erscheinen werden. Bei einer Dame ergab sich durch die Berechnung der Gestirnstellungen ein ganz bestimmtes Charakterbild mit einigen detaillierten Schicksalen, das aber nicht ihr zugehörte, sondern ihrer Mutter; dort aber saß die Charakteristik wie angegossen. Die Dame leidet an einem außerordentlichen Mutterkomplex.» Freud war keineswegs allem Glauben an das Übersinnliche abhold. Im Gegenteil: 1909 setzt er seinen engen Vertrauten Ferenczi auf die Spur, er soll die Möglichkeit der Gedankenübertragung erkunden. Freud erteilt dazu Anweisungen und gibt Ratschläge, während Ferenczi in Berlin, Budapest und München Hellseher und Magier aufsucht, um ihre Fähigkeiten einer kritischen Prüfung zu unterziehen. Immer mehr ist Freud in diesen Jahren bereit, an die Existenz der Gedankenübertragung zu glauben. Als dann 1911 Jung fordert, daß die Psychoanalyse auch «den Okkultismus erobern» müsse, hält Freud das in der Sache durchaus für richtig, nur, so schreibt er an Ferenczi, «es sind gefährliche Expeditionen, und ich kann da nicht mitgehen.» Nicht Jungs okkulte Neigungen waren Freud suspekt, sondern die Art und Weise, wie er sie verfolgte; er war nicht zu bremsen, schon gar nicht aus bloßer Rücksicht auf das Lebenswerk Freuds. So wie Freud in der Sexualitätsfrage seinen Weg gehen mußte und sich von Breuer trennte, so stand Jung nun vor einer ähnlichen Entscheidung, in einer nicht weniger diffizilen Frage. Um auf Jung Einfluß zu nehmen und kein Terrain zu verlieren, trat Freud um diese Zeit die Flucht nach vorn an und bereitete zur Mythenentwicklung und Religion eine eigene Arbeit vor: *Totem und Tabu*. In einem Brief an Jung vom 20. August 1911 kam eine geheimnisvolle Andeutung: «Seitdem meine Geisteskräfte wieder erwacht sind, arbeite ich auf einem Gebiet, wo Sie überrascht sein werden, mich zu treffen. Ich habe sonderbare unheimliche Dinge aufgewühlt und werde beinahe verpflichtet sein, mit Ihnen *nicht* darüber zu reden. Ihr Scharfsinn wird alles erraten haben, wenn ich hinzufüge, daß ich auf die Lektüre Ihrer Arbeit ‹Wandlungen und Symbole der Libido› brenne.» Als Freud diese Mitteilung machte, war das Projekt schon weit gediehen. Das Material faszinierte ihn ebenso wie Jung. Grundsätzlich waren sich beide darin einig, daß es eine archaische phylogenetische Erbschaft im Unbewußten gibt. Unterschiedlicher Auffassung war man, was die Erforschung und Darstellung des mythischen Materials anging. Jung wollte die Mythen in den Prozeß der Selbstwerdung integrieren und betrachtete sie als Quelle des Unbewußten. Freud war hingegen der Auffassung, die Mythen würden etwas verschweigen, bevor man sie heranzieht, müsse man erst die Entstellungen rückgängig machen und das in ihnen Verdrängte analysieren. Diesen Weg geht Freud in *Totem und Tabu*. Aus dem ethnologischen Material seiner Zeit (Ch. Darwin, J. J. Atkinson, J. G. Frazer, R. Smith), das Freud einer eigenwilligen Lektüre unterzieht, entwickelt er eine Hypothese über die Anfänge von Kultur und Zivilisation. Demnach lebten anfänglich die Menschen in kleinen Horden zusammen unter der Herrschaft eines allmächtigen Vaters, eines, wie Freud mit Verweis auf Nietzsche sagt, «Übermenschen», der auch das alleinige sexuelle Verfügungsrecht über Frauen und Töchter hatte. Eines Tages taten sich die Brüder der Horde zusammen, erschlugen und verzehrten den Vater. Die siegreichen Brüder hätten sich nun an die Stelle des Vaters setzen können, aber aus diesem «Haupt- und Urverbrechen der Menschheit») ging, so Freud, ein Schuldbewußtsein hervor, das schließlich zum Verzicht auf die Machtposition des Vaters und den Besitz von Mutter und Schwester führten. «Damit war das *Inzesttabu* und das Gebot der *Exogamie* gegeben.» Die «beiden Verbrechen des Ödipus, der seinen Vater tötete und seine Mutter zum Weibe nahm», stehen Freud zufolge auch am Anfang der Menschheitsgeschichte und werden dann als Tabus verinnerlicht. Der Ödipuskomplex, zunächst beschränkt auf die familiäre Dreieckskonstellation, bekommt in *Totem und Tabu* eine universelle Grundlage. Für Jung hatten dagegen Ödipus und Inzestphantasien allenfalls eine symbolische Bedeutung, den Versuch Freuds, daraus einen «Kernkomplex» zu begründen, lehnt er entschieden ab.

Noch hatte Freud die Sache nicht ausformuliert, noch steckte Jung tief im zweiten Teil seiner neuen Arbeit. Die Gegensätze blieben mehr oder weniger implizit. Vor allem aber hatte Freuds Besuch in Küsnacht und der harmonische Kongreß in Weimar viel zur Verbesserng der Stimmung beigetragen. Jetzt in der Erinnerung, schreibt Freud im Oktober an Jung, würden die gemeinsam verbrachten Tage «noch immer schöner».

Jung – man muß sich das vor Augen halten – hatte sich zu dieser Zeit von den Grundelementen der Psychoanalyse (Rolle der Sexualität, Ödipuskomplex, Inzestwunsch) längst getrennt. Diese Entwicklung vollzog sich nicht im verborgenen, Freud wußte um die Differenz; gerade hatte er den ersten Teil von *Wandlungen und Symbole der Libido* gelesen. Gleichwohl hält Freud an der Beziehung fest, er will die einmal gefaßte Zuneigung nicht aufgeben; das hat seinen Preis, er muß die Realität verleugnen, die Gegensätze herunterspielen. So muß Jung glauben, Freud könne mit väterlicher Toleranz die abweichenden Ideen wenn nicht gutheißen, so doch verstehen und Milde walten lassen.

Während Freud und Jung noch in Illusionen leben, ist im Umfeld die Veränderung in der Beziehung der beiden nicht unbemerkt geblieben. Bei Freuds Besuch in Küsnacht fiel selbst Emma Jung die Veränderung auf. Sie kannte die Beziehung als teilnehmende Beobachterin, war bei vielen Gesprächen zugegen, begleitete ihren Mann bei seinen Besuchen in Wien, fuhr mit zu den Kongressen und las mit Begeisterung die Werke Freuds. Die inhaltlichen Differenzen blieben ihr nicht verborgen; zudem hatte sie Einblick in den Briefverkehr und konnte sich so auch ein Bild über das persönliche Verhältnis machen. All das führte bei ihr zu der Überzeugung, zwischen Ihrem Mann und Freud stimme es nicht mehr. Im Oktober 1911 faßt sie sich ein Herz und schreibt einen Brief an Sándor Ferenczi, schildert ihm ihre Beobachtungen und bittet ihn um Rat. Ferenczi jedoch informiert stante pede Freud («Daß Sie das Geheimnis meiner Indiskretion strenge und für alle Zukunft hüten müssen, versteht sich von selber.»). Freud ist im ersten Moment ziemlich perplex über diese Einmischung in die Männerfreundschaft, andererseits findet er die Sache «sehr schmeichelhaft», die Verehrung, die aus Emma Jungs Brief spricht, das Ver-

Äußerlich machte C. G. Jung den Eindruck eines kraftvollen, unerschütterlichen Menschen, der fest in der Realität verankert ist, innerlich fühlte er sich gespalten: «Ich lebe in zwei Zeiten und bin zwei verschiedene Personen», schreibt er in seinen *Erinnerungen*.

ständnis für seine Lage, sein Leben ...: «Ewige Diskretion selbstverständlich!» An den von Emma Jung vermuteten «Widerständen» gegen ihren Mann sei jedoch, wie er Ferenczi versichert, nichts dran: «die Einwendungen gegen die Libidoarbeit sind sehr gering» und das Unbehagen gegen die Astrologie habe nichts mit Jung persönlich zu tun. Mit diesen Instruktionen versehen schreibt Ferenczi einen «beruhigenden Brief» an Frau Jung und ermuntert sie, sich doch direkt an Freud zu wenden. Am 30. Oktober tut sie das auch: «Ich weiß zwar nicht recht», schreibt sie an Freud, «woher ich den Mut nehme, Ihnen diesen Brief zu schreiben, doch ich glaube sicher zu sein, daß es nicht aus ‹Übermut› geschieht (...). Seit Ihrem Besuch bei uns plagt mich nämlich die Idee, Ihr Verhältnis zu meinem Mann sei nicht ganz so wie es könnte und sollte.» Sie verweist auf die Arbeit ihres Mannes, *Wandlungen und Symbole der Libido*, mit der Freud vielleicht nicht einverstanden sei. Wie schon gegenüber Ferenczi weist Freud in seinem Antwortbrief alle Vermutungen zurück, es gäbe irgendwelche Spannungen zwischen ihm und Jung. Emma Jung ließ sich aber so leicht von ihrem Eindruck nicht abbringen, in einem weiteren Brief schiebt sie Begründungen nach, analysiert Freud und sein Verhältnis zur Familie und zur Arbeit, und schließlich kommt sie auch auf die Problematik des Vater-Sohn-Verhältnisses zu sprechen, in dem sie den eigentlichen Grund für die Spannungen sieht. Sie rät Freud, «an Carl nicht mit dem Gefühl des Vaters» zu denken, «sondern als Mensch an einen Menschen, der gleich Ihnen sein eigenes Gesetz erfüllen muß». In seinem Antwortschreiben zeigt sich Freud über solche Einmischungen unangenehm berührt, er spricht von den «liebenswürdigen Ausstellungen» und davon, daß Emma Jung offenbar in ihm eine Vaterimago sehe, gegen die sie ihre Furchtlosigkeit beweisen müsse. Emma Jung schreibt noch zwei Briefe, in denen sie Abbitte leistet, sich zurücknimmt, ihre schwierige Situation erklärt, an der Seite ihres Mannes sich zur Geltung zu bringen, und Freud bittet, ihr zu raten «und wenn nötig, auch etwas den Kopf zu waschen». Freud konnte sich durch dieses Angebot in seiner Vaterimago bestärkt sehen, aber ihr raten wollte er nicht. Fortan schreibt er wieder an Carl Gustav Jung, dem er nun auch für seine *Wandlungen und Symbole der Libido* ein etwas zwiespältiges Lob schickt: Es ist «das Beste, was der hoffnungsvolle Autor bis jetzt von sich gegeben hat».

Der «hoffnungsvolle Autor» – das warf Jung auf die Position des Sohnes zurück, aus der er sich mit dieser Arbeit befreien wollte. Immer stärker wurde um diese Zeit in Jung die Aversion gegen eine Rolle, die er sich zu Anfang zugeschrieben hatte und unter der er dann sehr schnell zu leiden begann. Nicht zufällig begehrt er zum erstenmal im Frühjahr 1909 gegen die Rolle des Sohnes auf, als Freud – in väterlicher Manier – die Angelegenheit mit Spielrein geregelt hatte. Jung fühlte sich in eine schwer erträgliche Abhängigkeit gebracht. Nicht nur die Dankesschuld bedrückte ihn, sondern vor allem die Tatsache, daß Freud etwas wußte, was ihn vielleicht einmal in Bedrängnis oder zumindest in Verlegenheit bringen könnte. Als Spielrein darum im Sommer 1911 ankündigte, sie wolle im Herbst nach Wien gehen und Sigmund Freud aufsuchen, war Jung dabei gar nicht wohl. Eine ganze Weile hatte er sich bedeckt und distanziert gegenüber Sabina Spielrein verhalten, jetzt versucht er wieder auf sie Einfluß zu nehmen, appelliert an ihr Gewissen, an den «Gleichklang», der zwischen ihnen herrschen müsse. Bereits im Brief aus Weimar ermahnt er sie, nicht zurückzuweichen vor dem, was sie «als gut und vernünftig» erkannt hat. Sie dürfe nicht stolz und trotzig sein, müsse allen Eigennutz ablegen, denn nur durch ein «geheimnisvolles Selbstopfer» könne sie sich gewinnen. Der nächste Brief von Anfang November an die bereits in Wien weilende Spielrein endet mit dem Satz: «Bitte verraten Sie mich nicht. Ihr allerzeit ergebener Freund.» Um diese Zeit hatte Jung von

Freud schon Kunde erhalten: Am 12. Oktober berichtet Freud, daß man auf der Sitzung der *Psychoanalytischen Vereinigung* am Tag zuvor drei neue Mitglieder aufgenommen habe: «Stärcke und Emden aus Holland und – Frl. Dr. Spielrein, die mir unerwartet ins Haus gefallen ist. Sie fand, daß ich nicht bösartig aussehe, wie ich nach ihrer Vorstellung sollte.» Auf einer Sitzung der Vereinigung am 8. November meldet sich Spielrein erstmals zu Wort, das Diskussionsthema an diesem Abend ist die «angebliche Zeitlosigkeit des Unbewußten». Ihrem Diskussionsbeitrag schickt sie die Bemerkung voran, daß sie diese Dinge nur vom Standpunkt der Züricher Schule aus betrachten könne. Sie bezieht sich dann auf Freuds Vorstellungen vom psychischen Apparat und stellt eine Verbindung mit den «phylogenetischen Bahnen» her, an denen sich zeige, daß das Unbewußte an keine bestimmte Zeit geknüpft sei. Auf Spielreins Überlegungen reagieren Viktor Tausk und Paul Federn, und zum Schluß des Abends nimmt Freud Stellung. Er setzt sich kritisch mit dem phylogenetischen Erbe und der Zeitlosigkeit des Unbewußten auseinander. Gleichwohl war er von der Art und Weise, wie Spielrein ihre Argumente vorbrachte, beeindruckt. An Jung schreibt er am 12. November: «Die Spielrein hat in letzter Sitzung zuerst das Wort ergriffen und war sehr klug und geordnet.» In der nächsten Sitzung, am 15. November, steht das Thema «Über Tod und Sexualität» auf der Tagesordnung, aber nicht Spielrein trägt vor, sondern Theodor Reik. Anders als Spielrein stellt Reik sexuelle Phantasien und Todesgedanken einander gegenüber. An diesem Abend kommt einiges zur Sprache, was Spielrein in ihrer neuen Arbeit behandelt hat. Eine etwas unglückliche Situation. Spielrein versucht in einer kurzen Stellungnahme auf ihren Ansatz hinzuweisen, dringt damit aber nicht durch. In dieser Zeit schreibt sie an Jung, berichtet von der Situation in Wien und den Diskussionsabenden. Der Brief hat sich nicht erhalten, aus Jungs Antwort aber geht hervor, daß ihr die Unterschiede zwischen

Wien und Zürich und die Position, die sie dabei einnimmt, Probleme bereiten. «Ihre Nachrichten sind mir sehr wertvoll», schreibt Jung am 24. November. «Sie bestätigen zum Teil Geahntes. In der Frage der phylogenetischen Reproduktionen wird Freud bald auf meine Seite treten.» Zu den einzelnen Unterschieden zwischen Wien und Zürich muß Jung sie auf den zweiten Teil seiner Arbeit vertrösten. Etwas besorgt ist er, «wie Freud die Sache auffassen wird, da ich an der Sexualitätslehre allerhand Korrekturen anbringen muß.» Wiederum wird Spielrein ermahnt, ihn nicht zu verraten.

Jung warf mit Nebel um sich, aber eines war dem Brief unzweideutig zu entnehmen: eine Auseinandersetzung zwischen der Wiener und Züricher Schule stand unmittelbar bevor; die Fronten wurden abgesteckt und die Truppen eingeschworen. Der erste, der aus dieser Frontbildung ausbrach und unter diesen Bedingungen nicht mehr mitmachen wollte, war Eugen Bleuler. Am 28. November erhielt Freud einen Brief, in dem Bleuler mitteilte, daß er aus der *Züricher Psychoanalytischen Vereinigung* austreten werde. Die Psychoanalyse, so begründete er seinen Schritt, sei auf dem Wege, sich von einer wissenschaftlichen Position zu einer Weltanschauung zu entwickeln: «Dieses ‹wer nicht für uns ist, ist gegen uns›, dieses ‹alles oder nichts› ist nach meiner Meinung notwendig für Sekten und natürlich für Parteien. Dort kann ich das Prinzip als solches verstehen, aber in der Wissenschaft halte ich es für schädlich.»

Einen Tag später, am 29. November, referiert Spielrein in Wien vor der *Psychoanalytischen Vereinigung*; ihr Thema: «Über Transformation». Der Vortrag bezieht sich auf den dritten Teil ihrer Arbeit «Die Destruktion als Ursache des Werdens». Daß sie gerade diesen, eher problematischen Teil ihrer Arbeit wählt, scheint auf den ersten Blick eine etwas kuriose Entscheidung. Wollte sie mit ihren Überlegungen zur Mythologie die Wiener herausfordern – stellvertretend für Jung? So wurde es an diesem Abend von vielen Teilnehmern gesehen. Ihre Gründe aber waren sehr persönlicher Natur. Für sie war dieser Teil der Arbeit wichtiger als alle anderen. Als sie im August 1911 die erste Fassung an Jung schickt, bemerkt sie dazu: «Der mythologische Teil ist wohl im allgemeinen bedeutend besser geraten, weil wir hier mit Siegfried allein waren.» Wenn sie Jung nicht enttäuschen, nicht verraten wollte, dann konnte sie nur diesen Teil nehmen, der ihre symbolische Vereinigung am tiefsten bezeugte. Die Wiener, das zeigt das Protokoll von Otto Rank, verstanden nicht viel von dem, was Spielrein an diesem Abend vortrug, und was sie verstanden, rechneten sie nicht der Referentin zu, sondern Jung. Hanns Sachs, der die Diskussion eröffnete, hält Spielrein vor, den Gedankengang Jungs «nicht ganz überzeugend dargelegt» zu haben. Ihr Ansatz biete ansonsten nichts Neues, es sei nur interessantes Material. Viktor Tausk ist einer der wenigen, der sich auf die Ausgangsüberlegung Spielreins bezieht, den Zusammenhang von Destruktion und Sexualität, und von einem «wertvollen Gesichtspunkt» spricht. Die Diskussion gleitet im Verlauf des Abends ins Spekulative ab. Am Ende der Rednerliste steht – wie immer – Sigmund Freud. Und Freud nimmt einen langen Anlauf, er beschäftigt sich zunächst weniger mit Spielrein als mit seinen Vorrednern. Dann aber kommt er zur Sache, und alle negativen Gefühle gegenüber Jung brechen jetzt aus ihm heraus: «Der Vortrag selbst gebe zu einer Kritik Jungs Anlaß, weil er in seinen neuen mythologischen Arbeiten ebenso beliebiges mythologisches Material, das massenhaft vorhanden ist, in seiner gegenwärtigen Fassung ohne Auswahl verwendet. (...) Das Material ist (...) in einem Zustand überliefert, welcher uns nicht gestattet, es zur Lösung unserer Fragen zu verwerten. Im Gegenteil: es muß erst von psychoanalytischer Seite her die Aufklärung erfahren.» Zudem aber hätte sich die Vortragende von den psychologischen Auffassungen entfernt, weil sie «die Trieblehre auf biologische Voraussetzungen» gründe. Damit sind die beiden Konfliktpunkte benannt, die zum Bruch zwischen Freud und Jung führen: die Auffassungen in der Mythologie und vor allem die Rolle der Sexualität. Der Angriff auf Jung kam im Kreis der Wiener völlig überraschend, der Kronprinz stand bisher über aller Kritik. Spielrein bekommt als erste zu hören, was Jung dann tags darauf brieflich mitgeteilt wird: «Die Spielrein hat gestern ein Kapitel aus ihrer Arbeit vorgetragen (bald hätte ich das Ihrer groß geschrieben), woran sich eine lehrreiche Diskussion schloß. Mir fielen einige Formulierungen gegen Ihre (jetzt ernsthafte) Arbeitsweise in der Mythologie ein, die ich der Kleinen auch vorbrachte. Sie ist übrigens recht nett, und ich fange an zu begreifen. Am bedenklichsten scheint mir, daß die Spielrein das psychologische Material biologischen Gesichtspunkten unterordnen will; diese Abhängigkeit ist ebenso verwerflich wie die philosophische, physiologische oder gehirnanatomische.» Daß Freud eine Linie zieht und die unverrückbaren Positionen einklagt, darauf mußte Jung gefaßt sein. Aber Freud machte ihm zugleich unmißverständlich klar, daß er mit dem Wissen um die Affäre ein Faustpfand in der Hand hält: «Sie ist übrigens recht nett, und ich fange an zu begreifen.» Das war als Schuß vor den Bug gedacht – und Jung hatte verstanden. Es dauerte allerdings fast vierzehn Tage, bis er sich gefangen hatte. Jung antwortet windelweich: Er «würdige» die Einwände, wäre «dankbar» für «ausführliche Bemerkungen» und will sich die Kritik «zu Nutzen machen». Zu Spielrein geht er auf Distanz: Die Biologie stamme nicht von ihm. Überhaupt wisse er noch zu wenig über die neue Arbeit Spielreins. Jung verleugnet nicht nur seinen Anteil an den Überlegungen Spielreins, er gibt sie zugleich als Person preis und verbündet sich mit Freud, von dem er auch die Herabstufung zu «der Kleinen» Spielrein übernimmt: «Die Kleine verlangte stets sehr viel von mir. Jedoch ist sie es wert. Es freut mich, daß Sie auch nicht schlimm von ihr denken.» Nachdem die Frau auf die Plätze verwiesen wurde, können sich die beiden Männer wieder unterhalten, zum Beispiel über die «Verdrängung der Libido». In seinem Antwortbrief schreibt Freud: «Ich bin sehr einverstanden damit, daß Sie die Libidofrage angreifen, und erwarte selbst viel Klärung davon.» ‹Angreifen› – war natürlich eine merkwürdig verräterische Verschreibung. Gleichwohl, die Männerfreundschaft ist – für den Augenblick – gerettet, und Freud kann seinem «Lieben Freund» augenzwinkernd attestieren: «Die kleine Spielrein hat wirklich einen recht feinen Kopf, und ich kann bestätigen, daß sie anspruchsvoll ist.»

Sabina Spielrein reist Ende Dezember für zwei Wochen nach Rostow; vorher erfährt sie noch von Jung, daß ihre Arbeit im *Jahrbuch* 1912 erscheinen kann, zusammen mit dem zweiten Teil von *Wandlungen und Symbole der Libido*. In Rostow hält sie einen Vortrag über Psychoanalyse. Mit ihrem Auftritt ist sie zufrieden, aber die häusliche Situation erdrückt sie –: eine «wahre Liebesflut seitens der Eltern, Bombuchna, Bekannten, Verwandten (...). Alles liebte und schätzte mich, liebt und schätzt mich noch jetzt und ich ... bin so einsam!» schreibt sie am 7. Januar 1912 in ihr Tagebuch, da ist sie schon wieder in Wien. Aus ihrem Tagebuch geht auch hervor, daß ihr Freud Patienten zur Analyse überweist – allerdings keine zahlenden: «Ich habe zwei Patientinnen, die ich unentgeltlich behandle. Beiden geht es gut; besonders bei einer (Sängerin) ist die Besserung rasch eingetreten, sie schreibt mir große und liebeerfüllte Briefe und Gedichte.» Am 28. Januar hat Spielrein die letzten Korrekturen an ihrer Arbeit beendet und schickt sie nach Zürich: «Glücklich will ich jetzt sein!» Zwei Wochen später, nach einem formalen Brief von Jung, mit dem er den Eingang des Manuskripts bestätigt, spielt sie mit Selbstmordgedanken: «Das Maß war übervoll. Ich schlang den Kragenschoner um den Hals und sah mich mit Wonne von diesem elenden Dasein erlöst.»

Nach dem Absenden der Arbeit fühlt sie sich niedergeschlagen, leer und mit sich selbst unzufrieden. Sie wartet auf eine Nachricht von Jung, eine Stellungnahme, ein anerkennendes Wort. Endlich, Ende März, kommt ein Brief von Jung: «Ich habe, Ihre Arbeit jetzt durchblätternd, gefunden, daß unheimliche Parallelen zu meiner eigenen neuen Arbeit darin vorkommen, was ich früher gar nicht ahnte, denn ich habe Ihren Titel bisher falsch gelesen, immer: ‹Distinktion› statt ‹Destruktion› und habe mich darüber gewundert. Nun finde ich erhebliche Parallelen, welche zeigen, zu welchen Resultaten man kommt, wenn man konsequent und unabhängig weiter denkt.» Man kann den Zorn nachfühlen, der in Spielrein hochgekommen sein muß bei der Lektüre dieser Zeilen. Sie schreibt postwendend einen wütenden Brief, der leider nicht erhalten ist, und Jung schreibt ebenso postwendend zurück: «Sie regen sich wieder ganz unnötig auf. Wenn ich sagte es seien ‹unheimliche› Ähnlichkeiten, so haben Sie das wieder viel zu buchstäblich genommen. Ich meinte damit vielmehr, Ihnen ein Kompliment zu machen.» Was von solchen Komplimenten zu halten ist, zeigt sich ein paar Tage später, als er an Freud schreibt. Er läßt kein gutes Haar an Spielreins Schrift: «Sie hat zu wenig gelesen und verflacht in dieser Arbeit, weil sie nicht gründlich ist.» Im übrigen, so Jung, «ist die Arbeit enorm komplexbedingt». Das hat Jung jedoch nicht alleine herausgefunden, er wiederholt nur mit einem eigenen Begriff, was Freud ihm am 21. März schrieb: «(...) ihr Destruktionstrieb ist mir nicht sehr sympathisch, da ich ihn für persönlich bedingt halte. Sie scheint mehr Ambivalenz, als normal ist, zu führen.» Freud erwähnt allerdings auch noch, daß «sie sehr gescheit» ist. Am 21. April ist das letzte Mal in der Korrespondenz zwischen Freud und Jung von Spielrein die Rede. Freud setzt Jung davon in Kenntnis, daß sich Sabina Spielrein vor einigen Tagen bei ihm verabschiedet habe und «dabei einiges Intime mit mir besprochen» hat. Was damit gemeint war – Jung konnte es sich unschwer denken.

Spielrein reist nach Berlin. Ihre Motive, ihre Absichten liegen im dunkeln. Die nächste und zugleich letzte Eintragung im Tagebuch stammt vom 14. Juli 1912 und beginnt mit dem lakonischen Satz: «Dr. Paul Scheftel geheiratet.» Scheftel stammt aus Rußland, ist Jude und Arzt. Das Tagebuch endet mit einem Traum, den Sabina Spielrein in der Hochzeitsnacht träumt: «Ich muß Vater und Mutter Tee einschenken, zuerst gieße ich ihn in eine Flasche ein, dann in Gläser, ich finde aber kein Glas, denn die Gläser sind schmutzig und meist geplatzt. Ich glaube, ich habe nur ein Glas gefunden, aber nicht zwei, und wurde daran irgendwie verhindert. Frau Ter-Organessian mit einem häßlichen Mädchen, dann wurde das Kind bildschön.» Ein Tagesrest fällt ihr noch zum Traum ein: Ihr Ehemann sollte auf Wunsch seines Vaters ins Gebetshaus gehen, er bat sie, ihm vorher ein Glas Tee einzuschenken, sie scherzte ein wenig mit ihm, schließlich mußte er gehen, ohne Tee getrunken zu haben. Der Traum ist durchsichtig genug – alles ist wieder da und verweist sie zurück auf die Fakten.

«Weißt du, wie das wird?»

Sich mit ihrer Geschichte, ihren Komplexen, ins Einvernehmen setzen – nichts fiel Sabina Spielrein schwerer. Darum war auch die Heirat keine Lösung, konnte keine sein. Sigmund Freud ahnte es, als er ihr am 20. August 1911 schreibt: «Sie sind also jetzt Frau, und das heißt für mich von Ihrer neurotischen Anhänglichkeit an Jung halb geheilt. Sonst hätten Sie sich ja nicht zur Heirat entschlossen. Bleibt noch die andere Hälfte; die Frage ist, was geschieht mit der.» Spielrein hatte, als sie im April desselben Jahres Wien verließ, Freud ihre Geschichte erzählt, dabei war auch ihr Siegfried-Traum zur Sprache gekommen. Man beschloß bei dieser Gelegenheit, daß Spielrein im Herbst eine Analyse bei Freud machen sollte, um, wie er ihr im Juni schrieb, «ihre Abhängigkeit von Jung» zu korrigieren. Durch ihre Heirat, schreibt ihr Freud am 20. August, hätte sich die Sache ja nun schon fast erledigt, und sie solle sich überlegen, ob eine Analyse jetzt noch notwendig und sinnvoll ist: «Ich wünsche, daß Sie ganz geheilt sein sollen. Nachträglich gestehe ich ein, daß mir Ihre Phantasie von der Geburt des Heilands aus einer Mischvereinigung gar nicht sympathisch war.»

Die Deutung Siegfrieds durch Jung, sie hätte Freud noch vor einigen Monaten schockiert, jetzt paßte sie zu jener «religiös-libidinösen Wolke», hinter der sich sein einstiger ‹Lieblingssohn› um diese Zeit unsichtbar machte. Was in dieser Wolke «gebraut wird», schreibt Jung im Februar 1911, dazu könne er brieflich wenig sagen, er gestehe aber ein, daß er sich momentan «etwas unzurechnungsfähig» benehme. Die Begriffe, mit denen Jung seine Situation beschreibt, haben etwas Selbstentlarvendes, und Freud zögert nicht, sie entsprechend zu wenden und gegen Jung einzusetzen: «Unzurechnungsfähig ist bekanntlich keine Auskunft aus der Tiefenpsychologie.» Freud macht aus seiner persönlichen Enttäuschung kein Hehl, überdies wirft er Jung jetzt vor, sein Amt als Präsident der Vereinigung zu vernachlässigen. Das Klima ist im Frühjahr 1912 gereizt, die Ressentiments schaukeln sich von Brief zu Brief hoch. Am 3. März schließt Jung seinen Brief mit einem längeren Zitat aus Nietzsches *Zarathustra*, das mit dem Satz beginnt: «Man vergilt einem Lehrer schlecht, wenn man immer nur der Schüler bleibt.» Jung pocht auf geistige Selbständigkeit, auf seinen eigenen Weg, und mit dem zweiten Teil der *Wandlungen*, den er in diesen Tagen abschließt, glaubt er sich diesen Weg gebahnt zu haben.

Wer die Briefe der beiden Protagonisten aus diesen Wochen und Monaten liest, reibt sich verwundert die Augen, denn bei den Gegensätzen – soweit sie überhaupt explizit werden – handelt es sich um höchst spekulative Fragen. So bestreitet Jung vehement das Inzestverbot, das Freud in seiner Schrift *Totem und Tabu* zum Fixpunkt zivilisatorischer Entwicklung erhebt. Weder in der Kindheit noch in der primitiven Menschheit seien inzestuöse Wünsche besonders relevant, die sexuelle Ätiologie, so Jung, verstelle hier den Blick. Der Streit ging um wissenschaftlich unabgesicherte Hypothesen, an denen freilich viel hing. Für Freud konnte das Subjekt aufgrund seiner Triebkonstellation nicht mit sich identisch sein; Natur und Kultur stehen in einem unverrückbaren Spannungsverhältnis. Für Jung hingegen, der eine solche Triebbasis verwirft, vollzieht sich die Entwicklung als ein allmähliches seiner selbst Innewerden.

Als die Gegensätze zur Sprache kamen, waren die Würfel längst gefallen. Jeder wartete nur noch auf eine Geste, die er zum Anlaß nehmen konnte, um die Trennung einzuleiten. Diese Gelegenheit bot sich im Mai. Freud reiste Pfingsten in die Schweiz und besuchte Ludwig Binswanger in Kreuzlingen; ein Treffen mit Jung, im unweit gelegenen Zürich, lehnte er aus zeitlichen Gründen ab. Ein – trotz aller gegenteiliger Beteuerungen – durchaus gewollter Affront. Mit der «Geste von Kreuzlingen», wie sie Jung nannte, war der letzte Akt eingeläutet.

Auch Spielrein hatte offensichtlich von der Geste gehört und versuchte zu vermitteln. Für ihre «klugen Worte an Jung» dankt ihr Freud am 14. Juni. In Wien aber bereitete man sich schon auf die Zeit nach Jung vor. Von Ernest Jones kam der Vorschlag, ein «Geheimes Komitee» zu gründen, einen Kreis von auserwählten treuen Schülern, die Freuds Position in Zukunft absichern sollten. Freud nahm die Idee eines geheimen Rates mit Begeisterung auf und nominierte auch die Kandidaten: Jones, Ferenczi, Rank, Abraham, Sachs. In den Augen Freuds war ein solches Komitee schon allein deshalb notwendig, weil die Psychoanalyse nach dem bevorstehenden Abfall der Züricher schutzlos sein würde, eine «jüdische Angelegenheit», wie Freud es immer befürchtet hatte. «Semiten und Arier (oder Antisemiten), die ich im Dienste der Psychoanalyse zur Verschmelzung bringen wollte, sondern sich wieder voneinander wie Öl und Wasser», schreibt Freud am 29. Juli an Binswanger.

Jung geht derweil in die Offensive. Er bereitet sich im Sommer auf neun Vorlesungen vor, die er im September an der Fordham University in New York halten soll. Am 2. August kündigt er Freud an, daß er bei dieser Gelegenheit «verschiedene Vorschläge zur Abänderung gewisser theoretischer Formulierungen» machen werde. Der Bruch in der *Psychoanalytischen Vereinigung* wurde zu einem öffentlichen Ereignis. Jung trägt in Amerika seine Version der Psychoanalyse vor und findet, wie er Freud am 12. November schreibt, bei sehr vielen seiner Zuhörer, die «bisher dem Problem des Sexualismus der Neurose hilflos gegenüberstanden», Zustimmung. Die Reaktion auf das Abrücken in der Sexualitätsfrage ließ nicht lange auf sich warten. Postwendend schreibt Freud zurück und benutzt dabei die förmliche Anrede «Lieber Herr Doktor»: Die Anerkennung in Amerika könne sich Jung nicht als Verdienst anrechnen, denn je mehr er von den Wahrheiten der Psychoanalyse opfere, «desto sicherer sind Sie des Beifalls, desto geringer ist der Widerstand». Freud war ein geschickter Briefeschreiber, er verstand es, Jung immer wieder ins Leere laufen zu lassen, ihn in Widersprüche zu verwickeln. Und da Jung durchaus nicht geneigt war, den dünnen Faden, der ihn noch mit Freud verband, ganz zu zerreißen, wäre die Sache vermutlich noch eine Weile so weitergelaufen, wenn nicht ein Ereignis eingetreten wäre, das beide zusammenführte. Am 24. November fand in München eine kurzfristig anberaumte Obmännerkonferenz statt – Anlaß war ein Konflikt mit Wilhelm Stekel. Zunächst nähern sich Freud und Jung in München wieder etwas an, man bespricht die Konflikte auf einem Spaziergang. Nach dem Mittagessen aber kommt es zum Disput: Freud wirft den Schweizern vor, ihn nicht mehr zu zitieren. Es entsteht eine erregte Debatte, bei der Freud plötzlich in Ohnmacht fällt. Geistesgegenwärtig springt Jung hinzu und trägt Freud in ein Nebenzimmer. «Aus seiner Hilflosigkeit», so Jung später, «hat er mich so angeschaut, wie wenn ich sein Vater wäre.» Freud selbst hat den Vorfall anfangs auf ein rein physiologisches Unwohlsein zurückgeführt. In einem Brief an Jung vom 29. November bekennt er sich dann zu einem «Stückchen Neurose, um das man sich doch kümmern sollte.» Aber das war nicht als Zugeständnis gemeint, es war eher ein Versuch, Souveränität zu demonstrieren. Freud wollte, nach dieser für ihn schmachvollen Geschichte, den Bruch. Und um zu zeigen, was er noch für Trümpfe in der Hand hielt, spielt er im selben Brief auf Jungs Deutungen im Fall Spielrein an, «es scheint», merkt er ironisch an, «daß Sie das Rätsel aller Mystik gelöst haben». Jung steckt diesmal nicht zurück, er explodiert und beginnt in den nächsten

Briefen damit, die Neurosen des Meisters zu analysieren. Die Auseinandersetzungen ziehen sich bis zum Januar 1913 hin, dann kommt man überein, die persönlichen Beziehungen aufzugeben. Zuvor jedoch regelt man die Scheidungsangelegenheiten: dazu gehört vor allem die Verpflichtung zur gegenseitigen Diskretion.

Trotz des Bruchs mit Freud bleibt Jung noch bis zum 20. April 1914 Präsident der *Psychoanalytischen Vereinigung.* Auf dem Vierten Internationalen Psychoanalytischen Kongreß in München am 7. und 8. September 1913 scheitert Freud sogar mit dem Versuch, Jung abwählen zu lassen. Von den Mitgliedern sprechen sich zwei Drittel für ihn aus. Das ist um so bemerkenswerter, weil Jung in seinem Vortrag «Zur Frage der psychologischen Typen» eine neue Psychologie fordert. Zum erstenmal spricht er bei dieser Gelegenheit von einem extravertierten und introvertierten Typus. Freud, so Jung, sei das Beispiel für einen extravertierten und Adler für einen introvertierten Typus. In beiden Fällen handle es sich um Übersteigerungen, es komme darauf an, so Jung, eine Psychologie zu schaffen, die diese Einseitigkeiten überwindet.

Äußerlich zeigt sich Jung fest und entschlossen, innerlich hat er nach der Trennung von Freud jede Sicherheit verloren. In seinen *Erinnerungen* spricht er von einem «Zusammenprall mit dem Unbewußten». Schreckliche Visionen und Alpträume suchen ihn heim: «Es war etwas Totes da, das noch lebte. Z. B. wurden Leichen in Verbrennungsöfen getan, und dann zeigte es sich, daß noch Leben in ihnen war.» Der Ansturm der Phantasien und Bilder war so stark, daß er fürchtete, seine «Selbstkontrolle zu verlieren und eine Beute des Unbewußten zu werden, und was das heißt, war mir als Psychiater nur allzuklar. Ich mußte (...) wagen, mich dieser Bilder zu bemächtigen. Wenn ich es nicht täte, riskierte ich, daß sie sich meiner bemächtigten.» Im Dezember 1913 hat Jung einen sehr merkwürdigen Traum: Er träumt von Sieg-

«In meinem Turm in Bollingen lebt man wie in vielen Jahrhunderten. Er wird mich überleben ...» Hierhin zog sich Jung zurück.

fried, wie er «hoch oben auf dem Grat des Berges im ersten Strahl der aufgehenden Sonne» steht. In dem Moment weiß er, daß er «ihn umbringen» muß. Zwischen ihm und Siegfried hätte eine «geheime Identität» bestanden, er sei so wie Siegfried gewesen, ein Mensch, der seinen «eigenen Willen heldenhaft durchsetzen» wollte. So hätte er sich seinen Weg gebahnt. Doch jetzt paßt das nicht mehr zu Jung – er wollte mehr sein, nicht einfach nur der ungestüme Held und Kraftmensch, sondern Gelehrter und Weisheitslehrer. Siegfried mußte umgebracht werden, um für ein neues Ideal Platz zu machen, das größer und schöner war. Nach der Tat ist er erleichtert, aber auch von Angst getrieben, man könnte den Mord entdecken. Da geht ein Regen herunter, der alle Spuren verwischt: «Der Gefahr, entdeckt zu werden, war ich entronnen, das Leben konnte weitergehen, aber es blieb ein unerträgliches Schuldgefühl.» Aus diesem Traum erwuchsen ihm «neue Kräfte», die ihn in die Lage versetzten, den Kampf mit seinem Unbewußten zu Ende zu führen. Er hatte Siegfried getötet, und wer Siegfried, den mächtigen Heros tötet, der wird selber zum Heros: «Ich wußte keine Antwort, aber ich besaß die innere Gewißheit, daß ich auf dem Weg zu meinem Mythus war.»

Es ist wohl kaum Zufall zu nennen, daß Jung diesen Traum genau zu der Zeit träumt, als Sabina Spielrein von ihrem ersten Kind entbunden wird. Jung kannte den Termin, er stand mit ihr im brieflichen Kontakt. Spielreins Briefe haben sich jedoch nicht erhalten. Den überlieferten Briefen Jungs ist zu entnehmen, daß Spielrein von ihrer Schwangerschaft berichtet. Noch immer spukt ihr Jung durch den Kopf, und je näher die Geburt rückt, desto stärker wird ihre Siegfried-Phantasie. Am 24. August schickt ihr Jung einen Brief und versucht sie zu beruhigen: «Wenn Sie Ihr Kindchen recht lieben, so wird gewiß Alles gut gehen. Und warum sollten Sie Ihr Kindchen nicht lieben?» Spielrein war sich offenbar unsicher, ob sie ihr Kind lieben kann, ja, wie es überhaupt zu lieben sei, wenn ihre nicht bewältigte Siegfried-Phantasie dazwischen steht. Aus späteren Briefen Jungs geht hervor, wie er sich die Verbindung des realen Kindes mit der Siegfried-Phantasie vorstellte, sie müsse ‹Siegfried› «richtig annehmen lernen. Dies ist nötig sowohl ihres Kindes wegen als auch Ihrer selbst wegen». Siegfried sei das Licht, das sie hüten soll, ihr gemeinsames Band: «Wenn Sie dieses verraten, so sind Sie verflucht.» Das «Kindchen recht lieben», wie ihr Jung am 24. August 1913 schrieb, heißt also, an ‹Siegfried› festhalten, ihn nicht preisgeben.

Fünf Tage später, am 28. August 1913, erhält Spielrein erneut Post, diesmal schreibt nicht Jung, sondern Freud. Auch er erteilt ihr Ratschläge, wie sie ihr zukünftiges Kind lieben und was aus diesem Kind werden soll. «Ich kann es gar nicht hören», schreibt ihr Freud, «wenn Sie noch von der alten Liebe und den verflossenen Idealen schwärmen und rechne auf einen Bundesgenossen in dem großen, kleinen Unbekannten. Selbst bin ich wie Sie wissen, von jedem Rest von Vorliebe fürs Ariertum genesen und will annehmen, wenn es ein Junge wird, daß er sich zum strammen Zionisten entwickeln soll. Schwarz muß er oder es auf jeden Fall werden, kein Blondkopf mehr, lassen wir die Irrlichterei fahren!» Und er schließt mit dem Satz: «Wir sind und bleiben Juden. Die anderen werden uns immer nur ausnützen und uns nie verstehen oder würdigen.» Freud ist verbittert, nicht zuletzt deshalb, weil er sich selbst Illusionen gemacht hat über die Vereinigung von Juden und Ariern, aber auch und vor allem über Jung. Nun gilt es offenbar, Flagge zu zeigen. Und Spielrein soll das Ihrige dazu tun, einen «Bundesgenossen», einen «strammen Zionisten» soll sie auf die Welt bringen. Damit kann man Jung noch nachträglich einen Haken verpassen, eine Lehre erteilen. Ende Dezember bringt Sabina Spielrein, nach einer schweren, sehr komplizierten Geburt, ein Mädchen auf die Welt, Renata. Jung schickt eine formale Glückwunschkarte zum «schönen Ereignis» und unterschreibt mit

Dr. med C. G. Jung. Freud gratuliert am 29. Dezember und kann sich nicht enthalten, noch einmal auf das zu sprechen zu kommen, was ihm mehr als alles andere am Herzen liegt, die Überwindung Siegfrieds: «Es ist besser, daß es eine ‹Sie› ist. Da kann man sich den blonden Siegfried noch überlegen und bis zu seiner Zeit vielleicht ein Götzenbild zerschlagen haben.»

Freud schrieb unterdessen «wütend», wie er Ferenczi mitteilte, an seiner *Geschichte der psychoanalytischen Bewegung*, einer Abrechnung mit Adler und vor allem mit Jung. Freimütig bezeichnete er diese Schrift als «Aggression», ja, sogar als «Bombe». 1914 will Freud die letzte Schlacht mit Jung schlagen. Anfang des Jahres hält er mit seinen Getreuen «Kriegsrat», und man kommt überein, die «Bombe» Mitte Juli zu zünden, um Jung, wenn er nicht zuvor freiwillig geht, aus der Vereinigung herauszukatapultieren. Jung kommt ihnen im April mit seinem Rücktritt zuvor. Damit ist der Zeitpunkt gekommen, um die Fronten endgültig zu begradigen, die Reihen zu schließen. Am 12. Juni schreibt Freud an Spielrein: «Ich bitte Sie mich wissen zu lassen, ob Sie auf dem Kopf unserer Zeitschrift figurieren wollen. Wenn ja, wird es in der nächsten Nummer geschehen sein. Aber bedenken! Wir werden binnen Kurzem alle Züricher Namen und Adressen von dort entfernt haben; es ist eine Parteinahme deutlichster Art, wenn Sie sich jetzt draufsetzen lassen!» Gleichzeitig fordert er sie auf, sich endlich von ihrem «Idol» freizumachen. Es gehe um eine «glatte Entscheidung», wer schwankt, so Freud, findet sich «zwischen zwei Stühlen auf dem Boden» wieder. «Tun Sie sich keinen Zwang an aber tun Sie das gründlich, wozu Sie sich entschließen.» Und nicht nur für Freud soll sie sich entscheiden, sondern sich endlich zu ihrer Herkunft, zum Judentum, bekennen und Siegfried als das ansehen, was er ist, eine infantile Projektion: «Ich wünsche Ihnen natürlich, daß es Ihnen gelingen möge, das infantile Ideal des germanischen Recken und Helden, an dem Ihre ganze Opposition gegen Milieu und Herkunft steckt, als Plunder beiseite zu werfen und das Kind, das Sie ursprünglich gewiß von Ihrem Vater haben wollten, nicht von diesem Trugbild zu verlangen.» Die Entscheidung, die ihr Freud mit unverhohlener Drohung abverlangt, war für Spielrein so ‹glatt› nicht zu treffen: Sie bekennt sich zu den Zielen der *Psychoanalytischen Vereinigung*, kritisiert Jungs Benehmen Freud gegenüber, aber sich persönlich von ihm abwenden kann sie nicht: «Ich habe Jung trotz aller seiner Verirrungen gern und möchte ihn wieder den unsrigen zuführen. Sie Herr Professor und er wissen es gar nicht, daß ihr beide viel inniger zusammengehört, als man es glauben könnte. Dieser fromme Wunsch ist doch kein Verrat an unserem Verein! Alle wissen es, daß ich mich zum Freudschen Verein gehörend erklärte und Jung kann mir dieses nicht vergeben. Nichts zu machen! –»

Für Jung war das zuviel, er zeigt sich «schmerzlich» berührt – für Freud war das zu wenig. 1914 galt es auch in der Psychoanalyse, Freund und Feind zu erkennen und Partei zu ergreifen. Mitte Juli erscheint die *Geschichte der psychoanalytischen Bewegung* –: die «Bombe» geht hoch, aber sie wird übertönt vom Hurrapatriotismus, mit dem in diesen Tagen und Wochen der Erste Weltkrieg beginnt. Und wie viele andere «mobilisiert» Freud jetzt «Libido für Austria-Ungarn». Er hofft, wie er an Ferenczi schreibt, «ein lebensfähiges Vaterland zu bekommen, aus dem der Sturm des Krieges die ärgsten Miasmen» wegweht. Nach der ‹Reinigung› der psychoanalytischen Bewegung steht nun also die ‹Reinigung› des Vaterlandes auf der Tagesordnung: Das Schlachtfeld wechselt, die Metaphern bleiben.

Während Freud seine ‹Truppen› in den Ersten Weltkrieg führt, siedelt Sabina Spielrein Anfang 1915 von Berlin in die neutrale Schweiz über. Die erste Station ist Zürich, wo sie Jung und Bleuler wieder trifft, wenig später geht sie nach Lausanne und nimmt als Ärztin eine Arbeit in einer chirurgi-

«Von einer Welt in die andere ...» und wieder zurück. Sabina Spielrein, kurz bevor sie 1923 nach Moskau ging.

schen Klinik auf. Für Freuds Zeitschriften liefert sie kleine Beiträge, hübsche Geschichten, wie den «Traum vom ‹Pater Freudenreich›», aber auch sehr bemühte Abhandlungen, geschrieben, um die Konstrukte Freuds zu bestätigen, wie «Die Äußerungen des Ödipuskomplexes im Kindesalter» (1916). Die Arbeit in der Klinik gibt sie bald wieder auf. Sie will sich jetzt der Kunst widmen, will Komponistin werden und nimmt Unterricht. An Jung schreibt sie über ihre Ideen, über ihre Berufung zur Musik, fragt interessiert nach seinen neuen Schriften. Zunächst reagiert Jung nicht, dann schickt er ihr ein paar Zeilen, voller Mißtrauen, voller Haß gegen die einstige Freundin: «Ich liefere mein Geheimnis nicht aus, um es verständnislos zerstampfen zu lassen. Um diesen Garten ist jetzt eine dicke und hohe Mauer gezogen (...). Sehen Sie, die Freud'sche Theorie geht viel tiefer, bis in die Drüsen hinein, sie ist das Tiefste, was überhaupt über menschliche Psychologie gesagt werden kann. Tiefer hinunter als bis in den Mutterleib zurück kann man ja doch gar nicht. Von dort erklärt sich die Welt am besten.» Daß Jung nun feindselig und mit Haß reagiert, kam für Spielrein nicht überraschend und war ihrer Theorie nach nur folgerichtig. Im «Traum vom ‹Pater Freudenreich›» schreibt sie: «Die Übertragung ist stets, wie die Erfahrung lehrt, ein zweischneidiges Schwert: neben der Liebeseinstellung wird auch die Haßeinstellung übertragen.» Sie tritt zwar zunächst nicht in den Vordergrund, ist aber nicht zu trennen von der Liebe: «In der Liebe selbst liegt die Quelle der Feindschaft.» Spielrein schreibt weiter an Jung. Ende 1917 kommt es schließlich doch zu einer Kooperation. Spielrein beteiligt sich an der Übersetzung der Werke Jungs ins Russische. Um diese Zeit schreibt auch Jung wieder häufiger, aber in seiner neuen Geisteshaltung ist kein Platz mehr für Spielrein: Die Musik sei nichts Selbständiges bei ihr, sondern nur ein religiöses Gefühl. In einem ihrer letzten erhaltenen Briefe an Jung – der letzte datiert vom 28. Januar 1918 – schreibt sie, daß sie sich ja gerne als Psychotherapeutin betätigen würde, aber sie wisse nicht, woher sie Patienten bekommen solle. «Würden Sie mir was empfehlen, wenn ich nach Zürich käme? – Wahrscheinlich nicht.» Jung geht darauf gar nicht erst ein. Im Brief zuvor hatte Spielrein geschrieben, sie habe in ihren «Träumen den Mann getötet, der Siegfrieds Vater werden sollte». Als Jung das liest, ist er entsetzt, er macht ihr Vorhaltungen und schreckt auch vor antisemitischen Ressentiments nicht zurück: «Sie leben einen Teil der jüdischen Seele noch nicht, weil Sie zu viel nach Außen schielen. Das ist – ‹leider› – der Fluch des Juden: sein

Seher, Künder, Weisheitslehrer –: Das alles wollte Jung im Alter sein, das alles verkörperte er für die zahlreichen Besucher, die aus der ganzen Welt zu ihm kamen, um sich Rat zu holen.

eigenstes und tiefstes Seelisches nennt er ‹infantile Wunscherfüllung›, er ist der Mörder seiner eigenen Propheten, sogar seines Messias.» Jung beläßt es nicht bei diesen Ausfällen. 1918 erscheint die Schrift *Über das Unbewußte*, in der er den Unterschied zwischen der arischen und der jüdischen Psychologie zu bestimmen versucht. Freud kenne nicht die «germanische Seele», so Jung, als Jude fehle ihm das «Erdhafte», deshalb komme er immer nur auf das Primitive: die Sexualität. Durch seine Wurzellosigkeit trage der Jude das Ferment der Zersetzung in sich, er suche aber Vermischung mit der Kraft des Erdhaften. Was ihn lange Zeit fasziniert hat, diffamiert er nun. Das Jüdische wird zur Projektion der Ängste um Kontrollverlust, die Jung zeitlebens plagten. An Sabina Spielrein zeigt sich, daß diese Abwehr besonders groß ist, wo sich das Jüdische mit dem Weiblichen verbindet. Den Verlockungen begegnet Jung jetzt mit einer misogynen Haltung. Nichts errege sein Mißtrauen so, schreibt er am 3. April 1919 an Spielrein, wie die «Flatterhaftigkeit des weiblichen Geistes und seine eitle und tyrannische Selbstüberhebung». Der weibliche Geist ist für Jung jedoch nicht nur etwas, das von außen kommt, sondern das jeder Mann als unbewußtes Seelenbild, als Anima, in sich trägt, so wie auch jede Frau einen unbewußt männlichen Seelenanteil hat, den Animus. Die Anima kann in positiver Gestalt, als treu und zärtlich Liebende, oder in negativer Gestalt, als Verführerin, auftreten. In beiden Fällen repräsentiert sie die männlichen Wunschvorstellungen und Ängste. Jungs erste Erfahrung mit der Anima hat er in seinen *Erinnerungen* beschrieben. In der Zeit, als er mit den bedrohlichen Bildern seines Unbewußten kämpfte, hätte er plötzlich die Stimme einer Frau vernommen, «einer Patientin, einer begabten Psychopathin, die eine starke Übertragung auf mich hatte. Sie war zu einer lebendigen Gestalt in meinem Inneren geworden.» Und diese Frau in ihm spricht seine Sprache, benutzt seine Begriffe und will ihn davon überzeugen, daß das, was er macht, Kunst sei.

An dieser Frau hätte er den «abgründigen» und «verführerischen» Einfluß der Anima zum erstenmal erfahren. Andererseits habe er ihr auch viel zu verdanken, sie habe in ihm die Bilder des Unbewußten vermittelt, ihn angeregt. Es läßt sich nur vermuten, daß Sabina Spielrein dieser Gestalt Pate gestanden hat. Der vorletzte Brief an Spielrein vom 1. September 1919 stützt diese Vermutung: «Die Liebe von S. zu J. hat in letzterem etwas bewußt gemacht, das er vorher nur undeutlich ahnte, nämlich eine schicksalsbestimmende Macht des Ubw. die ihn später zu den allerwichtigsten Dingen führte. Die Beziehung mußte ‹sublimiert› sein, weil sie sonst in die Verblendung und in die Verrücktheit geführt hätte.» Der Brief schließt mit einer hilflosen Geste: «Bisweilen muß man unwürdig sein, um überhaupt leben zu können.» Noch ein Brief ist von Jung erhalten. Am 7. Oktober schreibt er ihr von seinem neuen Buch über die *Psychologischen Typen*, in dem sich unter anderem auch das Konzept der Anima findet. Jung ist auf dem Weg zum ‹Mythos seines Lebens›. Aus dem einstigen Kronprinzen ist der Gegenkönig geworden, der im Laufe der Zeit in seinem prachtvollen Domizil am Züricher See immer mehr in die Rolle eines orientalischen Gelehrten und Seelenführers hereinwächst.

Und Spielrein? Es fiel ihr schwer, Fuß zu fassen. Mit großer Zuneigung und Liebe widmete sie sich ihrem Kind, aber in ihrer Ehe war sie alles andere als glücklich. Irgendwann nach der Übersiedlung in die Schweiz wurde sie von ihrem Mann verlassen. Paul Scheftel zog nach Rostow am Don und lebte dort mit einer anderen Frau zusammen. 1924 kommt eine Tochter zur Welt.

Nach langen Jahren der beruflichen Krise tritt für Spielrein 1920 eine merkliche Veränderung ein. Sechs Veröffentlichungen von ihr erscheinen, und im September fährt sie zum Sechsten Psychoanalytischen Kongreß nach Den Haag. Zum erstenmal nimmt sie an einem Kongreß teil. In ihrem Referat beschäftigt sie sich mit der «Entstehung und Ent-

Teilnehmer am VI. Internationalen Psychoanalytischen Kongreß in Den Haag, 1920. Zum erstenmal nimmt Sabina Spielrein an einem Kongreß der Analytiker teil (auf dem Bild 19). Ihr Vortrag «Zur Frage der Entstehung und Entwicklung der Lautsprache» gehört zu den ersten Arbeiten im Bereich der Kinderpsychoanalyse. Im Publikum sitzen Anna Freud und Melanie Klein – beide Damen streiten sich einige Jahre später um die Führung auf diesem Gebiet.

1 = Karen Horney, 2 = Anna Freud, 3 = Eugenia Sokolnicka (?). 4 = Sándor Ferenczi, 5 = Gisela Ferenczi, 6 = Helene Deutsch, 7 = Beate Rank, 8 = Karl Abraham, 9 = Douglas Byran (?), 10 = Ernest Jones, 11 = Ernst Simmel, 12 = Carl Müller-Braunschweig, 13 = Sigmund Freud, 14 = Otto Rank, 15 = A. W. von Renterghem (?), 16 = Melanie Klein (?), 17 = Ludwig Binswanger, 18 = Theodor Reik, 19 = Sabina Spielrein, 20 = Felix Boehm (?), 21 = Oskar Pfister, 22 = F. P. Muller, 23 = H. J. van der Hoop, 24 = Hanns Sachs, 25 = J. H. W. van Ophuysen, 26 = J. van Emden, 27 = G. Jelgersma (?), 28 = Emmy Groddeck, 29 = Max Eitingon (?), 30 = Nico van Suchtelen (?), 31 = Hanns Lampl, 32 = W. Wittenberg und 33 = Georg Groddeck.

1
2
3
4
5
6
7
8
9
10
11
12
13
14
15
16
17
18
19
20
21
22
23
24
25
26
27
28
29
30
31
32
33

wicklung der Lautsprache». 1922 erscheint der Vortrag in überarbeiteter Form in der Zeitschrift *Imago* unter dem Titel «Die Entstehung der kindlichen Worte Papa und Mama». Im Saugakt und im Spiel mit der mütterlichen Brust, so führt Spielrein aus, lernt das Kind die ersten Worte und macht die ersten Erfahrungen mit der Außenwelt. In Ansätzen werden in dem Vortrag Überlegungen formuliert, die einige Zeit später die auf dem Kongreß anwesende Melanie Klein aufgreift. In Den Haag gibt Sabina Spielrein bekannt – so steht es in der *Internationalen Zeitschrift für Psychoanalyse* –, daß sie nach Genf übersiedeln wird, um dort am Institut Jean-Jacques Rousseau zu arbeiten. Offen ist, ob sie sich selbst dazu entschlossen hat oder, was wahrscheinlicher erscheint, vom Kongreß delegiert wurde. Pierre Bovet, der zusammen mit Edouard Claparède, das Institut leitete, erzählt später von der «schüchternen und zielstrebigen Russin namens Sabina Spielrein-Scheftel, die in Genf als ‹Missionarin› für die Freudsche Psychoanalyse wirkte. Am Institut hegte man, so Bovet, «gewisse Bedenken» gegen ihren Einsatz. Und Spielrein bekam das bald zu spüren. Im Juni 1922 bittet sie Freud um eine Intervention, der aber winkt ab und mahnt zur Besonnenheit: «Die Leute in Genf sind sammt und sonders Dilettanten, auf die Sie langsam etwas von Ihrer analytischen Bildung übertragen müssen.» Zumindest in einem Fall hat das Spielrein auch versucht. Sie lernt am Institut den Psychologen Jean Piaget kennen, der vorher in Zürich und Paris tätig war und in Genf seine berühmten Forschungen zur kindlichen Entwicklung beginnt. Piaget unterzieht sich bei Sabina Spielrein einer Lehranalyse. Nach acht Monaten soll Spielrein die Sache mit dem Kommentar abgebrochen haben, es sei «nicht der Mühe wert (...), eine Stunde täglich an einen Mann zu verlieren, der die Theorie nicht begreifen wollte.» Vermutlich ist das eine Anekdote, denn so abschätzig hat Spielrein nicht von Piaget gedacht, davon zeugen zwei wichtige Arbeiten: «Einige Analogien zwischen dem

Denken des Kindes, des Aphasikers und dem unterbewußten Denken» und «Die Zeit im unterschwelligen Seelenleben». Diese Arbeit trägt sie im September 1922 auf dem Siebten Internationalen Psychoanalytischen Kongreß in Berlin vor. Sie war entschlossen, Genf zu verlassen. Freud will ihr eine Stelle in Berlin vermitteln, findet aber wenig Gegenliebe bei seinen Berliner Kollegen. Aus einem Rundbrief des Geheimen Komitees geht hervor, daß Abraham und Eitingon sich gegen Spielrein aussprechen. Anfang 1923 entscheidet sie dann, im Herbst zurück nach Rußland zu gehen. Als Freud davon hört, fällt ihm ein Stein vom Herzen: Es wäre natürlich so «viel besser», in Moskau könne sie Ausgezeichnetes leisten, vor allem aber sei sie «endlich (...) auf vaterländischem Boden». Dahin sollte sie ja schon lange. Und auch Freud schließt mit einem Achselzucken: «Es sind schwere Zeiten für uns alle.»

Das Ende der Geschichte ist schnell erzählt, denn Spielreins Leben und Wirken in Rußland verliert sich ziemlich rasch im Dunkeln. Die Situation ist zunächst noch relativ günstig. Lenins Neue Ökonomische Politik öffnet sich westlichen Einflüssen, davon profitiert für kurze Zeit auch die Psychoanalyse. Am Psychoanalytischen Institut in Moskau hält Spielrein im Herbst 1923 eine Vorlesung über die Psychologie des unbewußten Denkens und ein Seminar zur Psychoanalyse des Kindes. Daneben arbeitet sie als Ärztin und Leiterin der Sektion Kinderpsychologie an der Moskauer Universität. In ihren Personalfragebogen schreibt sie: «Ich arbeite mit Wonne, fühle mich zu meiner Tätigkeit wie geboren bzw. ‹berufen› und sehe im Leben keinen anderen Sinn.» Anderthalb Jahre später gibt sie diese Tätigkeit auf, zieht zurück nach Rostow und geht erneut eine Verbindung mit Paul Scheftel ein. 1926 wird ihre Tochter Eva geboren. Sabina Spielreins Name taucht noch einmal im Westen auf, 1931 veröffentlicht sie in der *Imago* den Aufsatz: «Kinderzeichnungen bei offenen und geschlossenen Augen». Von ihrem Leben in Rußland in den dreißiger Jahren ist nur wenig bekannt. Das väterliche Vermögen ist zu dieser Zeit zusammengeschmolzen, der Besitz konfisziert. Die Brüder Sabina Spielreins verschwinden in den Straflagern Stalins: 1935 wird Isaak verhaftet, 1937 Jan und Emil. Dann kommt das Jahr 1938, erst stirbt ihr Ehemann, kurz darauf ihr Vater.

Während die Welt Spielreins wankt und kurz vor dem Einsturz steht, deutet Jung im fernen Zürich die Zeichen der Zeit ganz anders: Wotan, der alte Sturm- und Rauschgott, der *furor teutonicus*, sei in der deutschen Seele erwacht. Und in Hitler sieht Jung die Verkörperung Wotans – er sei ein «Ergriffener» und «Ergreifer».

Dem zweiundachtzigjährigen Sigmund Freud gelingt es noch im Juni 1938, sich vor dem *furor teutonicus* in Sicherheit zu bringen. Er geht nach London ins Exil. Sabina Spielrein hat nicht soviel Glück. Als die deutschen Truppen 1941 Rostow am Don besetzen, treiben sie die Juden der Stadt zusammen – unter ihnen Sabina Spielrein und ihre beiden Töchter – und erschießen sie in der Synagoge.

Literaturhinweise

Bei der erzählerischen Rekonstruktion der Affäre zwischen Sabina Spielrein und C. G. Jung stütze ich mich in erster Linie auf das von Aldo Carotenuto herausgegebene *Tagebuch einer heimlichen Symmetrie. Sabina Spielrein zwischen Jung und Freud*, Freiburg i. Br. 1986. Das Buch enthält unter anderem Sabina Spielreins Tagebuch aus den Jahren 1909 bis 1912 und ihren Briefwechsel mit Jung und Freud. Dieses Material ist, zusammen mit Briefen an Bleuler, Rank, Stekel und anderen, 1977 im Kellergeschoß des Palais Wilson in Genf, in dem ehemals das Psychologische Institut untergebracht war, entdeckt worden. Wenig später wurde auch Sabina Spielreins Tagebuchfragment aus den Jahren 1907 bis 1908 wiederaufgefunden. In Auszügen veröffentlicht in Sabina Spielrein, *Ausgewählte Schriften*, herausgegeben von Günter Bose und Erich Brinkmann, Berlin 1986, S. 215 ff. Der vollständige Text liegt zur Zeit nur in einer französischen Übersetzung von Jeanne Moll vor und ist unter dem Titel «Extraits inédits d'un journal. De l'amour, de la mort et de la transformation» in den *Bloc-Notes de la Psychanalyse* 3 (1983, 147–170) erschienen.

Von besonderer Bedeutung für das Beziehungsdreieck zwischen Sabina Spielrein, Jung und Freud ist der *Sigmund Freud*/C. G. *Jung Briefwechsel*, herausgegeben von William McGuire und Wolfgang Sauerländer, Frankfurt a. M. 1974. Obwohl sich der Name Spielrein in der Autobiographie Jungs nicht findet, ist verschlüsselt von ihr an vielen Stellen die Rede: *Erinnerungen, Träume, Gedanken von* C. G. *Jung*, aufgezeichnet und herausgegeben von Aniela Jaffé, Olten/Freiburg i. Br. 1971. Wichtig in diesem Zusammenhang ist auch die Mitschrift des Jung-Seminars von 1925 durch Cary de Angulo: *Analytical Psychology. Notes of the Seminar given in 1925* by C. G. Jung, herausgegeben von William McGuire, Princeton 1989. Als biographische Quelle zu Jung wurde neben der Autobiographie herangezogen: C. G. *Jung im Gespräch. Interviews, Reden, Begegnungen*, herausgegeben von Robert Hinshaw und Lela Fischli, Zürich 1986. Einen besonderen Stellenwert in der Diskussion mit Spielrein und in der Absetzung zu Freud hat Jungs Werk *Wandlungen und Symbole der Libido. Beiträge zur Entwicklungsgeschichte des Denkens* (1912), München 1991.

Literatur zu Sabina Spielrein – C. G. Jung

Lisa Appignanesi und John Forrester: Die Frauen Sigmund Freuds, übersetzt von Brigitte Rappe und Uta Szyszkowitz, München–Leipzig 1994 (Über Spielrein–Jung, S. 278–308)

Alexander Etkind: Eros des Unmöglichen. Die Geschichte der Psychoanalyse in Rußland, übersetzt von Andreas Tretner, Leipzig 1996 (Über Spielrein–Jung, S. 165–218)

Renate Höfer: Sabina Spielrein (1885–1941), in: WahnsinnsFrauen, Band II, hrsg. von Sibylle Duda und Luise F. Pusch, Frankfurt a. M. 1986, S. 156–186

John Kerr: Eine höchst gefährliche Methode. Freud, Jung und Sabina Spielrein, übersetzt von Christa Broermann und Ursel Schäfer, München 1994

Inge Stephan: Die Gründerinnen der Psychoanalyse. Eine Entmythologisierung Sigmund Freuds in zwölf Frauenporträts, Stuttgart 1992 (Über Spielrein–Jung, S. 83–104)

Klaus Theweleit: Objektwahl (All You Need is Love ...). Über Paarbildungsstrategien & Bruchstück einer Freudbiographie, Basel–Frankfurt a. M. 1990 (Über Spielrein–Jung, S. 77–104)

Weitere Literatur

Manfred Bleuler: Geschichte des Burghölzlis und der psychiatrischen Universitätsklinik, in: Zürcher Spitalgeschichte. Bd. II, hrsg. vom Regierungsrat des Kantons Zürich, Zürich 1951, S. 377–425

Monika Bankovski: Russischer Alltag im Plattenquartier, in: uni zürich 3/86, S. 10–12

Auguste Forel: Rückblick auf mein Leben, Zürich 1935

Sigmund Freud. Briefe an Wilhelm Fließ 1887–1904, hrsg. von Jeffrey Moussaieff Masson. Bearbeitung der deutschen Fassung von Michael Schröter. Transkription von Gerhard Fichtner, Frankfurt a. M. 1986

Sigmund Freud/Sándor Ferenczi. Briefwechsel. Bd. I/1, hrsg. von Eva Brabant, Ernst Falzeder u. Patrizia Giampieri-Deutsch. Wien–Köln–Weimar 1993

Ernst Gagliardi, Hans Nabholz, Jean Strohl (Hrsg.): Die Universität Zürich 1833–1933 und ihre Vorläufer, Zürich 1938

Otto Gross: Über Destruktionssymbolik, in: Zentralblatt für Psychoanalyse und Psychotherapie 4 (1914), S. 521–534

Emanuel Hurwitz: Otto Gross. «Paradies»-Sucher zwischen Freud und Jung, Zürich–Frankfurt a. M. 1979

C. G. Jung: Briefe in drei Bänden, hrsg. von Aniela Jaffé in Zusammenarbeit mit Gerhard Adler, Olten 1972
Daniela Neumann: Studentinnen aus dem Russischen Reich in der Schweiz (1867–1914), Zürich 1987
Gerda Weiler: Der enteignete Mythos. Eine feministische Revision der Archetypenlehre C. G. Jungs und Erich Neumanns, Frankfurt–New York 1991
Gerhard Wehr: Carl Gustav Jung. Leben, Werk, Wirkung, München 1985
Stefanie Zumstein-Preiswerk: C. G. Jungs Medium. Die Geschichte der Helly Preiswerk, München 1975

Quellen

Sabina Spielrein: Sämtliche Schriften, Freiburg i. Br. 1987
C. G. Jung: Gesammelte Werke. 19 Bde., Olten–Freiburg i. Br. 1960–1983
Sigmund Freud: Gesammelte Werke. Chronologisch geordnet. 18 Bde., Frankfurt a. M. 1968

Bildnachweis

Bildersammlung des Medizinhistorischen Instituts der Universität Zürich: 17. Baugeschichtliches Archiv der Stadt Zürich: 43, 99. Kore, Verlag Traute Hensch, Freiburg: 27, 101, 111. Archiv für Kunst und Geschichte, Berlin: 33, 143, 158, 165. S. Fischer Verlag GmbH, Frankfurt am Main: 64. Sigmund Freud Copyrights, Colchester: 92/93, 121, 163, 168/169. (Die Vorlage für die Abbildung auf S. 168/169 und den Ausschnitt auf S. 163 stellte uns die Georg Groddeck-Gesellschaft, Frankfurt am Main, zur Verfügung.)